밀희의 손끝에서 전해지는

행복한 베이킹

밀희의 손끝에서 전해지는

행복한 베이킹

초판 인쇄일 2022년 9월 20일
초판 발행일 2022년 9월 27일

지은이 박지희(밀희)
발행인 박정모
등록번호 제9-295호
발행처 도서출판 혜지원
주소 (10881) 경기도 파주시 회동길 445-4(문발동 638) 302호
전화 031) 955-9221~5 팩스 031) 955-9220
홈페이지 www.hyejiwon.co.kr

기획 · 진행 박혜지
디자인 조수안
영업마케팅 김준범, 서지영
ISBN 979-11-6764-023-9
정가 18,000원

밀희의 손끝에서 전해지는

행복한 베이킹

박지희(밀희) 지음

혜지원

어렸을 적부터 늘 생각하던 것 중 하나가 '어차피 평생 할 일이라면 즐거운 일, 재밌는 일을 하자'였습니다. 그러나 막상 그런 일을 만나기가 쉽지 않았죠. 그러던 중에 우연히 접한 베이킹에 흥미를 느끼고 그것이 시작이 되어 지금까지 올 수 있었습니다.

일하면서 '아 너무 재밌다, 즐겁다'라는 생각을 할 때가 종종 있습니다. 이런 마음을 가지며 일을 할 수 있다는 것 자체에 너무나 감사한 마음입니다. 하지만 디저트를 만드는 일은 생각보다는 예쁘고 아름답지만은 않습니다. 쉴 틈 없는 작업의 연속으로 몸이 많이 상하기도 하지요. 그럼에도 일이 주는 즐거움, 기쁨이 있기 때문에 계속 할 수 있었습니다.

디저트를 사랑하는 이들이 많아지는 만큼, 그 관심 또한 높아지고 있는 요즘입니다. 불과 몇 년 전과는 다르게 더 다양한 재료가 나오고, 점점 발전해 가는 시장을 보며 새로운 재료로 제품을 만드는 일에 책임을 느끼면서도 많은 관심에 항상 감사드립니다.

이 한 권의 책에 초급자가 시도하기 좋은 쿠키나 파운드케이크, 스콘부터 시작해 점점 난이도 있는 컵케이크, 쿠키슈, 타르트, 케이크까지 다양하게 준비했습니다. 홈베이킹뿐만 아니라 매장에서도 바로 판매할 수 있도록 완성도 있는 맛은 물론 제품에 들어가는 모든 공정별 보관 기간, 세세한 팁까지 함께 안내드리니 좋은 안내서가 될 것입니다. 차근차근 따라 하다 보면 단계에 따라 점점 완성도 높은 제품들을 구현하실 수 있습니다.

그리고 무엇보다 베이킹을 좋아하는 분들이라면 만드는 기쁨은 물론 나누는 기쁨도 크다는 걸 다들 공감할거라 생각합니다. 그만큼 사랑하는 저의 일이자 일상을 많은 분들과 나눌 수 있는 기회가 된 이 책에서 여러분들 또한 만드는 기쁨, 나누는 기쁨을 느끼기를 소망합니다.

마지막으로 이 책이 나오기까지 많이 수고해 주신 출판사 여러분, 그리고 늘 든든하게 응원해 주는 가족과 지인들에게 감사의 인사를 전합니다.

● 박지희(밀희)

목차

Part 01 쿠키

Part 02 스콘

Part 03 파운드케이크

Part 04 컵케이크

Part 05 쿠키슈

Part 06 타르트

Part 07 시즌 케이크

재료 및 도구 소개

기본 도구

베이킹에 사용되는 도구는 종류와 쓰임새가 다양하다. 때에 따라 적절한 도구를 사용하는 것은 작업 능률을 향상시키고, 제품의 완성도를 높인다. 따라서 기본 도구들을 잘 알아 두는 것이 중요하다.

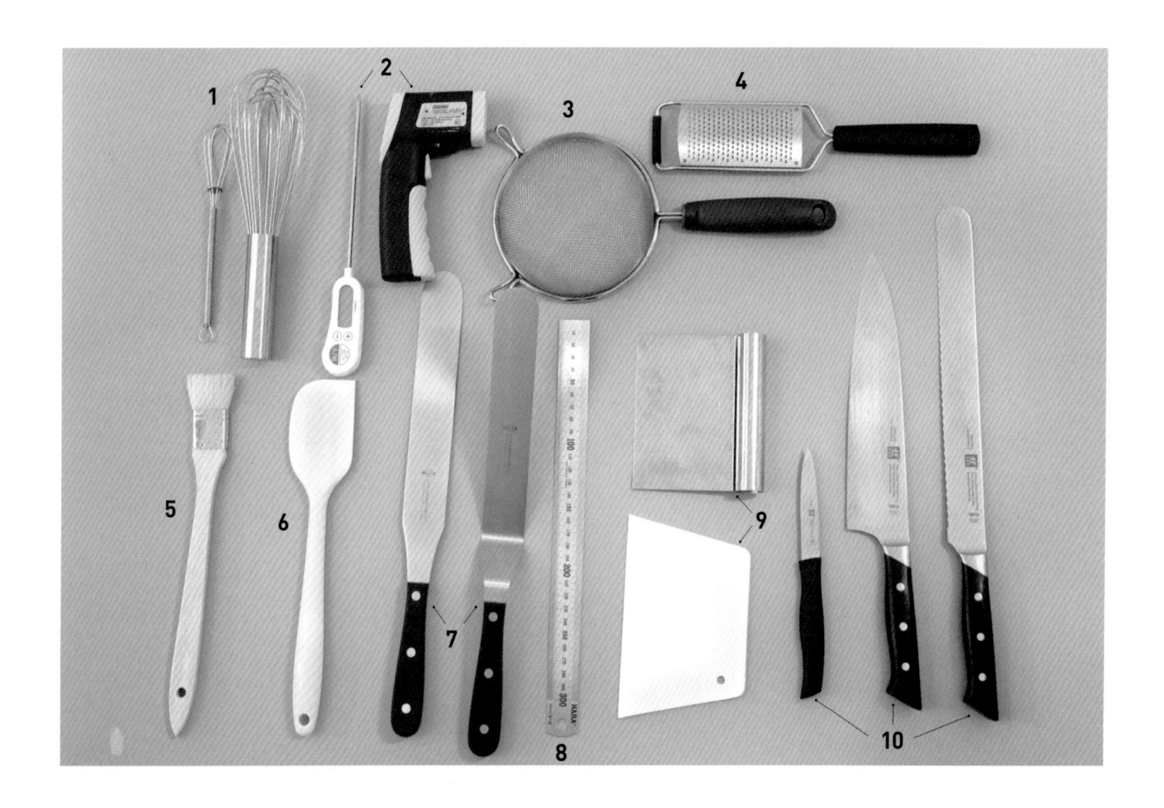

1. 휘퍼(거품기)

크림이나 달걀 등을 섞을 때 사용하는 도구이다. 재료의 양에 따라 크기를 다르게 사용하며, 고른 거품을 만들기 위해서는 와이어가 균일하고 촘촘한 것을 사용하는 것이 좋다.

2. 온도계

반죽과 재료의 온도를 체크할 때 사용한다. 꽂아서 내부의 온도를 재는 것과 적외선으로 표면 온도를 측정하는 것이 있다.

3. 체

가루 재료의 불순물을 걸러내고, 가루 사이에 공기를 넣어 다른 재료와 잘 섞이도록 한다. 또한 노른자나 찻잎 등을 걸러내거나, 장식용 파우더를 뿌릴 때에도 사용한다.

4. 제스터

레몬, 오렌지, 라임 등 과일의 껍질을 얇게 벗기거나 치즈, 초콜릿 등을 갈 때 사용한다.

5. 붓

틀에 버터를 바르거나, 제품에 시럽을 바를 때, 가루 재료를 털어낼 때 등 다양하게 사용된다. 세척 후에는 잘 말려서 사용해야 한다.

6. 주걱

재료를 고루 섞거나 볼을 깔끔하게 정리하는 데에 사용하는 도구이다. 주로 실리콘 소재가 열에 강해 변형이 적고 위생적이며, 용도에 맞는 사양한 사이즈를 구비하는 것이 좋다.

7. 스패출러

크림을 바르거나 반죽을 균일하게 펼 때 사용하는 도구이다. L자, 일자, 미니 스패출러가 있으니 용도에 맞게 적절히 사용한다.

8. 자

타르트나 파이 시트, 혹은 재료의 길이를 측정할 때 사용한다.

9. 스크래퍼

반죽을 깨끗이 긁어내거나 분할하는 등의 다양한 용도로 사용된다. 플라스틱과 스테인레스 제품이 있다.

10. 칼

재료를 다듬거나, 제품을 자르는 용도에 따라 적절히 선택하여 사용한다.

11
12
14
15
13
17
16

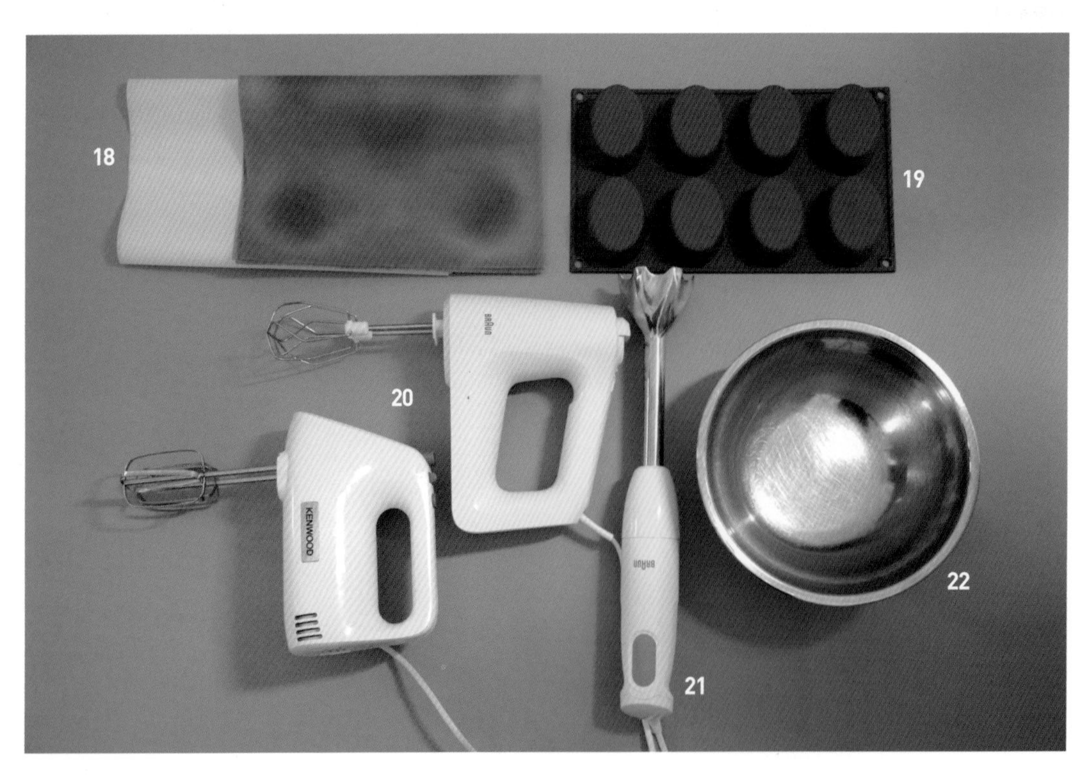
18
19
20
KENWOOD
22
21

11. 오븐 팬, 베이킹 틀

반죽을 오븐에 굽거나 모양을 굳힐 때 사용한다. 팬 크기에 맞게 자른 유산지 혹은 데프론시트를 깔고 반죽을 부어 사용한다.

12. 밀대

반죽을 밀어 펼 때 사용하는 도구이다. 초콜릿이나 누가틴 등 장식의 곡선을 만들 때 사용하기도 한다. 플라스틱과 나무 재질이 있다.

13. 짤주머니, 깍지

크림이나 반죽을 담아서 짜거나 모양을 내는 데에 사용한다. 일회용 비닐과 다회용 사용이 가능한 천으로 된 재질이 있다. 다회용의 경우 사용 후 세척하여 잘 말려 사용해야 한다. 깍지는 다양한 크기와 모양이 있으니 용도에 맞게 골라 사용한다.

14. 쿠키 커터

쿠키나 스콘 등의 반죽을 찍어 내 모양을 낼 때 사용한다. 케이크나 무스에 들어가는 인서트에도 사용된다.

15. 비커

반죽을 담아 붓거나 글라사주 등 액체 재료를 담아 사용한다. 유리와 플라스틱 제품이 있으며, 고온과 저온에서 모두 사용 가능한 제품을 쓰는 것이 좋다.

16. 아이스크림 스쿱

일반적으로는 아이스크림을 덜 때 사용하는 것이나, 구움과자나 쿠키, 혹은 크림의 모양을 낼 때도 사용한다. 일정하고 깔끔한 모양을 낼 수 있는 것이 장점이다.

17. 돌림판

케이크를 아이싱하거나 제품을 데코할 때 주로 사용하며, 플라스틱과 스테인리스 재질이 있다. 스테인리스가 무게감이 있어 더욱 안정감 있게 작업할 수 있다.

18. 유산지, 데프론시트

반죽을 구울 때 팬이나 틀에 까는 것으로 반죽이 달라붙지 않게 한다. 유산지는 롤케이크를 말 때나 제품 포장 등 다양하게 활용되고, 데프론시트는 반영구적으로 사용 가능하며 사용 후에는 씻어서 잘 말려야 한다.

19. 실리콘 틀

케이크와 무스, 구움 과자 등의 제품을 만들 때 사용한다. 크기와 모양이 다양하고, 저온에서부터 고온까지 모두 사용 가능해 활용도가 높다.

20. 핸드 믹서

반죽을 섞거나 거품을 올리는 용도로 사용하며, 손으로 하는 것에 비해 수월한 작업성이 장점이다.

21. 핸드블렌더

바믹서라고도 하며 가나슈나 커드, 크림, 젤라틴 등의 재료를 고르게 유화시키는 도구이다.

22. 볼

스테인리스, 유리, 플라스틱 등 다양한 재질과 크기가 있다. 따라서 완성되는 반죽 양에 맞는 크기를 적절히 선택하여 사용해야 한다.

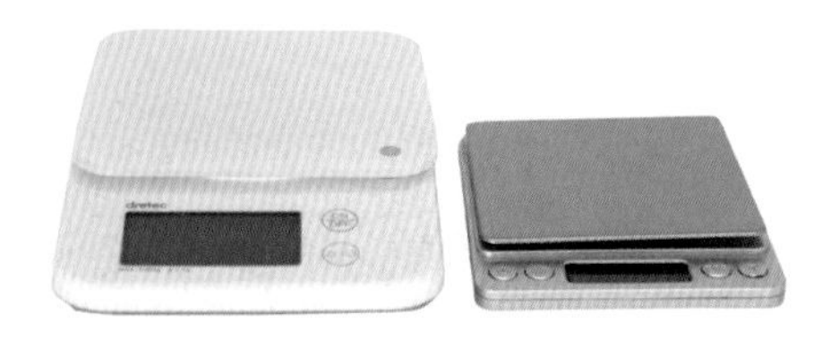

23. 저울

베이킹 재료의 계량은 정확하게 하는 것이 중요하다. 재료에 따라 0.1g 단위의 미세한 차이로도 맛이나 식감이 달라질 수 있기 때문에 1g, 2g, 5g 단위뿐만 아니라 0.1g 단위의 미량계도 함께 있는 것이 좋다.

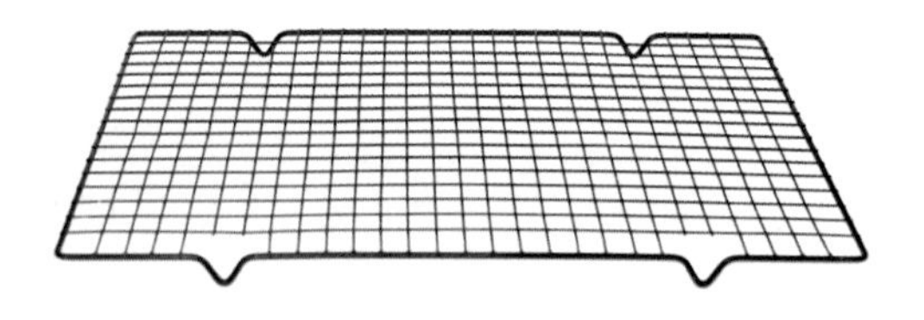

24. 식힘망

오븐에서 꺼낸 제품을 식힐 때 사용하는 망이다.

25. 무스띠, 케이크띠

케이크의 옆면에 두르는 비닐로 초콜릿 장식을 만들 때도 사용된다.

26. 오븐

오븐은 크게 데크 오븐, 컨벡션 오븐, 가스 오븐으로 나뉜다. 데크 오븐은 위아래 열선으로 내부 온도를 조절하는 방식으로 용량이 크고, 대량 생산이 용이하다. 컨벡션 오븐은 열풍으로 순환시켜 내부 온도를 조절하는 방식으로, 데크 오븐에 비해 예열과 굽는 시간이 단축된다.

기본 재료

맛있는 디저트는 좋은 재료에서부터 시작된다. 재료의 차이가 제품의 차이를 만들며, 각 재료별 특징을 파악해 두는 것이 유용하다.

밀가루

단백질(글루텐) 함량에 따라 강력분, 중력분, 박력분으로 구분된다. 제과용으로는 단백질 함량이 가장 적은 박력분을 주로 사용한다. 입자가 곱고 글루텐이 많이 필요치 않은 제품을 이용하는 것이 특징이다. 주로 바삭한 식감을 이루지만, 원하는 식감에 따라 중력분과 강력분을 섞어 사용하기도 한다.

베이킹소다, 베이킹파우더

베이킹소다는 산과 수분, 베이킹파우더는 수분과 열에 반응하는 화학적 팽창제로 사용한다. 화학 반응을 일으켜 탄산 가스를 발생시키고, 기포를 만들어 반죽이 부풀 수 있도록 한다.

당

(슈거 파우더, 설탕, 물엿, 트리몰린 등)

제품의 당도뿐만 아니라 촉촉하게 만드는 보습의 역할도 함께 한다. 반죽 안의 수분을 흡수하고, 건조를 막아 촉촉함을 유지하며 색과 향에도 영향을 미친다. 종류에 따라 풍미와 당도가 달라지고 제품의 볼륨감과 식감, 구운 색에서도 차이가 나기 때문에 적절한 제품을 선택하여 사용한다.

달걀

반죽의 팽창력을 높이며 형태를 지탱하는 역할을 한다. 노른자의 레시틴은 반죽의 유화제로서 부드럽게 하며 수분과 지방을 섞이도록 한다. 반죽의 기본이 되는 재료 중 높은 비율을 차지하기 때문에 신선한 달걀을 사용하는 것이 좋다.

우유, 생크림

수분, 지방, 단백질, 유당 등으로 구성된 우유는 반죽의 되기를 조절하거나 크림을 만들 때 사용된다. 이 우유의 유지방을 이용해 만든 것이 생크림이다. 100% 동물성 생크림과 약간의 첨가제가 들어간 식물성 생크림이 있지만 해당 도서에서는 모두 동물성 생크림을 사용한다.

버터

크림에서 지방을 분리해 발효시킨 제품으로 해당 도서에서 별도의 표기가 없는 경우를 제외하고는 전부 무염을 사용한다. 버터가 주 재료인 구움 과자나 케이크, 파이 등의 제품은 풍미가 좋은 발효 버터를 사용하면 더욱 좋다.

크림치즈

숙성 치즈에 비해 가볍고 부드러우며 약간의 신맛과 고소한 맛이 특징이다. 해당 도서에서는 필라델피아 크림치즈를 주로 사용한다.

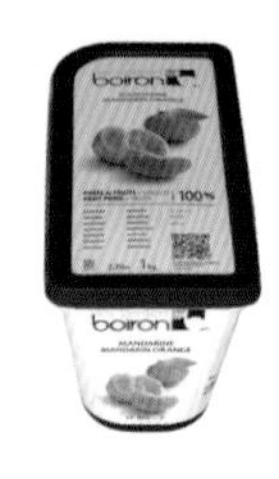

퓌레

과일이나 야채의 껍질과 씨를 제거한 후 걸쭉한 상태로 만든다. 맛과 향이 약한 재료의 부족함을 채워주며 해당 도서에서는 브아롱 제품을 주로 사용한다.

바닐라빈

품종과 원산지에 따라 향 차이가 있다. 가볍고 플로럴한 향이 특징인 타히티산과 달콤하고 진한 향이 특징인 마다가스카르산 등 다양하지만 해당 도서에서는 타히티산을 사용한다.

커버춰 초콜릿

카카오빈의 가공 방법과 코코아버터 등 재료 함량에 따라 다양한 맛으로 나뉜다. 다양한 브랜드의 제품이 많아 선택의 폭이 넓으며, 서늘하고 습하지 않은 곳에서 밀봉하여 보관하는 것이 좋다.

코코아파우더

카카오매스에서 카카오버터를 분리한 후 나머지를 가루화시킨 것으로 맛과 향이 좋은 제품을 사용하는 것이 좋다.

견과류

고소한 맛과 풍미를 내는 재료로 다양한 종류가 있다. 사용하기 전에 미리 전처리를 거쳐야 견과류 고유의 맛을 더 잘 느낄 수 있다.

리큐어

향을 가미하거나 맛을 더 북돋아주는 역할을 한다. 주재료의 향을 더욱 살리거나 제품과 어울리는 풍미의 제품으로 다양하게 선택하여 사용할 수 있다.

이소말트

설탕과 달리 열을 가해도 색이 나지 않고 투명한 상태를 유지한다. 녹여서 장식물로 사용하거나 설탕 공예 시 주로 활용한다.

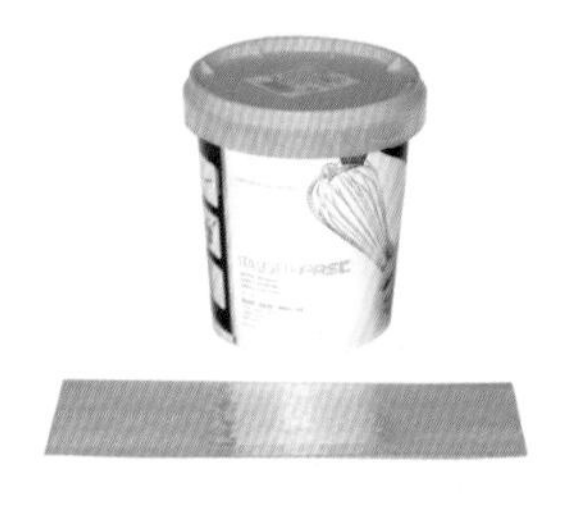

판젤라틴, 가루젤라틴

동물의 콜라겐에서 얻어지는 단백질의 일종으로 묽은 제형을 탄력 있는 상태로 유지하는 성질이 있다. 미리 물에 불려서 사용하거나, 녹여 사용하기도 한다.

마스카르포네 치즈 지방 함량이 55~60%인 치즈로, 생크림과 섞어 사용하기도 하며 고소하고 진한 맛이 특징이다.

믹스베리 잼

Ingredients

설탕 … 50g
믹스베리 … 100g
(블루베리&라즈베리)
레몬즙 … 17g
유자즙 … 3g
리큐어 … 5g

냉장 보관: 2주

* 해당 도서에서는 일반적인 잼보다 수분감을 더 증발시켜 꾸덕한 제형으로 작업한다. 또한 크림 등 다른 요소와도 함께 작업하기 때문에 펙틴을 비롯한 응고제를 사용하지 않는다.

01 냄비에 설탕과 믹스베리를 넣은 후 버무린다.

02 레몬즙과 유자즙, 리큐어를 넣고 중불로 가열한다(유자즙은 레몬즙으로 대체 가능하나 유자즙 사용 시 베리류의 상큼함을 더욱 증진시킨다).

03 끓어오르면 바닥에 눌어붙지 않도록 저어주며 과일을 으깬다(취향에 따라 과육을 살려도 좋다).

04 가운데를 갈랐을 때 바닥이 선명히 보이는 정도까지 작업한다.

아몬드 크림

Ingredients

버터 … 50g
황설탕 … 50g
아몬드 파우더 … 50g
달걀 … 50g
바닐라 엑스트랙트 … 5g

냉장 보관: 7일

01 버터를 부드럽게 푼 후 설탕을 넣고 부드럽게 섞는다.

02 아몬드 파우더를 체쳐 넣고 섞는다.

03 달걀과 바닐라 엑스트랙트를 2~3회 나눠 넣으며 볼륨감이 생기도록 뽀얗게 섞는다.

04 부드러운 크림 상태로 완성한다.

Part 01

쿠키

Millhappy Bakery

버터 호두 사블레

피스타치오 사블레

샌드 쿠키

크리스프

아메리칸 쿠키(히비스커스 베리)

아메리칸 쿠키(초코 찰떡)

Lesson 01

Butter Walnuts Sablé

버터 호두 사블레

사블레는 모래라는 뜻으로, 이름처럼 파삭 부서지는 듯한 식감이 특징인 쿠키예요.
버터의 풍미와 고소한 호두의 조합으로 간단하게 즐길 수 있어요.

Ingredients

버터 호두 사블레 60개

버터 … 125g
설탕 … 100g
달걀 … 42g
바닐라 엑스트랙트 … 2g
박력분 … 215g
소금 … 1g
호두 … 67g

*모든 재료는 실온 상태로 사용한다.

Keeping

반죽: 냉동 3주

완성된 쿠키: 실온 7일

쿠키 반죽

01 버터를 부드럽게 푼다.

02 설탕을 넣고 섞는다.

TIP 기계를 사용할 때, 설탕이 튈 수 있으니 저속에서 시작하다가 설탕이 튀지 않을 정도로 흡수되면 고속으로 올려 마무리한다.

03 달걀과 바닐라 엑스트랙트를 두 번에 나눠 섞는다.

TIP 달걀은 천천히 섞으면 분리될 가능성이 크니 처음부터 고속으로 작업하여 빠르게 섞는다.

04 가루를 체 쳐 넣고 주걱을 세워서 가르듯이 섞는다.

05 반죽이 자잘하게 쪼개지면 주걱의 넓은 면을 이용하여 뭉치듯 섞는다.

06 반죽을 작업대 위로 꺼내 손바닥 부분으로 밀면서 날가루가 보이지 않도록 매끄럽게 섞는다.

TIP 손의 온도로 반죽이 질어질 수 있으니, 손바닥과 손목의 경계 부분을 사용한다.

07 반죽을 넓게 펼쳐 전처리한 호두를 넣고 기둥 모양으로 만든다.

TIP 호두와 피칸의 경우 껍질에서 쓰고 떫은 맛이 나기 때문에 끓는 물에 30초~1분 정도 데친 후 155도 오븐에서 15~20분 정도 굽는 전처리가 필요하다.

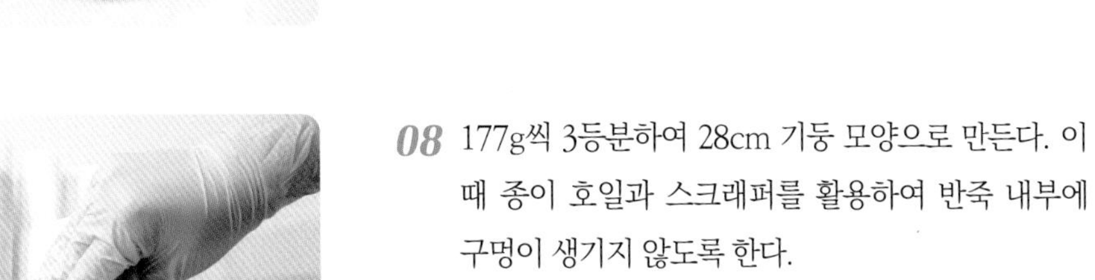

08 177g씩 3등분하여 28cm 기둥 모양으로 만든다. 이때 종이 호일과 스크래퍼를 활용하여 반죽 내부에 구멍이 생기지 않도록 한다.

TIP 냉동 휴지를 30분 이상 진행한다.

완성하기

01 냉동실에서 굳힌 반죽을 1~1.5cm 두께로 자른다.

02 겉면에 설탕을 묻힌다.

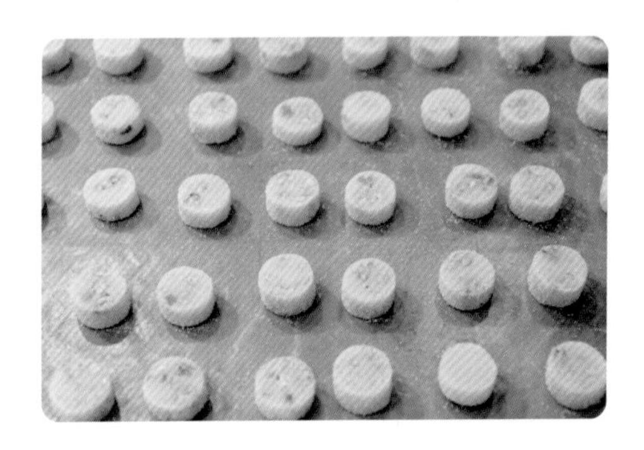

03 예열한 오븐에 165도 온도로 10분 → 턴(팬 돌리기) → 8분간 굽는다.

Lesson 02

Pistachio Sablé

피스타치오 사블레

피스타치오 프랄리네의 깊고 고소한 풍미와 은은한 짠맛이 도는 매력적인 사블레

Ingredients

피스타치오 사블레 60개

버터 … 125g
설탕 … 80g
달걀 … 42g
바닐라 엑스트랙트 … 2g
박력분 … 180g
소금 … 1.5g
피스타치오 프랄리네 … 56g

*모든 재료는 실온 상태로 사용한다.

피스타치오 프랄리네

피스타치오 … 45g
설탕 … 25g
물 … 10g
게랑드솔트 … 0.3g

Keeping

쿠키 반죽: 냉동 3주

완성된 쿠키: 실온 7일

프랄리네: 냉장/냉동 2주

피스타치오 프랄리네

01 물과 설탕의 온도를 110도까지 올린 후 피스타치오, 게랑드솔트를 넣어 중약불에서 섞는다. 시럽화된 설탕물에 견과류가 잘 버무려지도록 골고루 섞는다.

02 결정화된 설탕이 피스타치오에 고루 묻으면 계속 가열하여 캐러멜라이즈한다. 이때 결정이 다 녹아야 하기 때문에 계속 골고루 뒤적이며 작업한다.

TIP 타지 않고 골고루 색을 내야 하기 때문에 중약불로 작업한다.

03 데프론시트 위에 올려 식힌다.

04 믹서에 곱게 갈아 분말 상태로 준비한다.

TIP 원하는 식감에 따라 입자 조절이 가능하다.

쿠키 반죽

01 버터를 부드럽게 푼다.

02 설탕을 넣어 부드러운 상태가 되도록 섞는다.

TIP 기계를 사용할 때, 설탕이 튈 수 있으니 저속에서 시작하다가 설탕이 튀지 않을 정도로 흡수되면 고속으로 올려 마무리한다.

03 달걀을 넣고 매끄럽게 섞는다.

TIP 달걀은 천천히 섞으면 분리될 가능성이 크니 처음부터 고속으로 작업하여 빠르게 섞는다.

04 박력분을 체 쳐 넣은 후 프랄리네도 넣고 주걱을 세워 가르듯이 섞는다.

05 반죽이 자잘하게 쪼개지면 주걱의 넓은 면을 이용하여 뭉치듯 섞는다.

06 날가루가 보이지 않을 정도로 섞이면 158g씩 세 개의 덩어리로 분할한다.

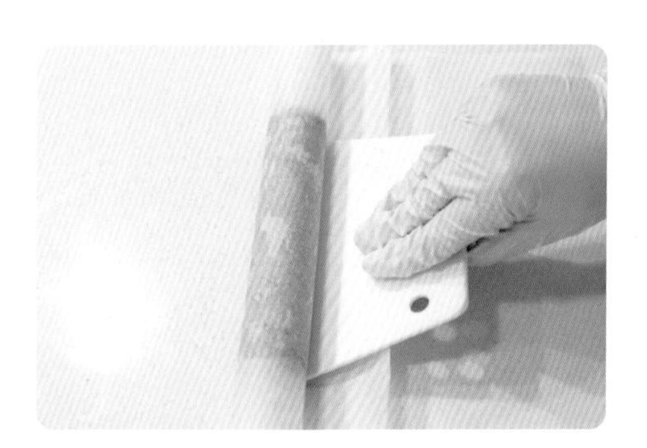

07 종이 호일과 스크래퍼를 활용하여 반죽 내부에 구멍이 생기지 않도록 28cm 기둥 모양으로 만든다.

TIP 냉동 휴지를 30분 이상 진행한다.

완성하기

01 냉동실에서 굳힌 반죽을 1~1.5cm 두께로 자른다.

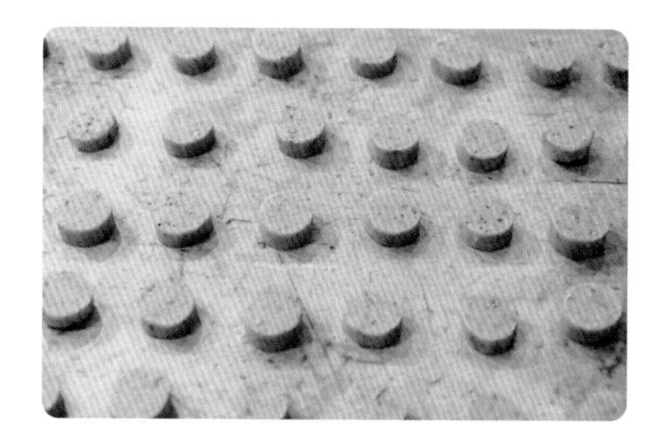

02 예열한 오븐에 165도 온도로 10분 → 턴(팬 돌리기) → 8분 굽는다.

Lesson 03

Sand Cookie

샌드 쿠키

담백한 사블레 사이로 달콤하게 전해지는 잼과 가나슈의 향연

Ingredients

바닐라 사블레 15개

버터 ··· 80g
설탕 ··· 30g
연유 ··· 80g
노른자 ··· 24g
바닐라 엑스트랙트 ··· 3g
소금 ··· 0.5g
박력분 ··· 210g
슈거 파우더 ··· 적당량

믹스베리 잼

*P.17 참고

*모든 재료는 실온 상태로 사용한다.

에스프레소 가나슈

인스턴트 커피 가루 ··· 3.2g
깔루아 ··· 3g
화이트초콜릿 ··· 70g
생크림 ··· 30g
버터 ··· 5g
물엿 ··· 3g
슈거 파우더 ··· 적당량

Keeping

반죽: 냉장 2주, 냉동 3주

완성된 쿠키: 실온 5일, 냉장 7일

가나슈: 냉장 2주

믹스베리 잼: 냉장 2주

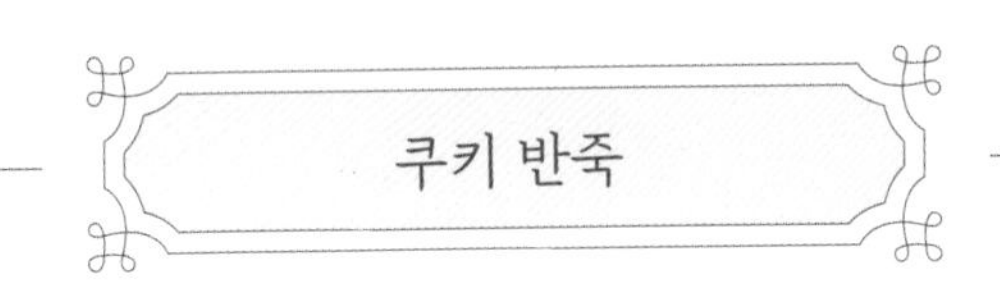

쿠키 반죽

01 버터를 부드럽게 푼다.

02 설탕과 연유를 넣고 섞는다.

TIP 기계를 사용할 때, 설탕이 튈 수 있으니 저속에서 시작하다가 설탕이 튀지 않을 정도로 흡수되면 고속으로 올려 마무리한다.

03 노른자와 바닐라 엑스트랙트를 넣고 섞는다.

TIP 달걀은 천천히 섞으면 분리될 가능성이 크니 처음부터 고속으로 작업하여 빠르게 섞는다.

04 박력분과 소금을 체 쳐 넣고 주걱을 세워서 가르듯이 섞는다.

05 반죽이 자잘하게 쪼개지면 주걱의 넓은 면을 이용하여 뭉치듯 섞는다.

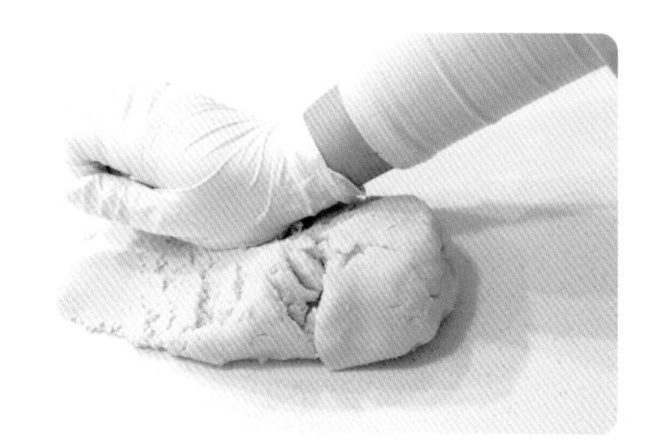

06 반죽을 작업대 위로 꺼내 손꿈치 부분으로 밀어 펴 날가루가 보이지 않도록 매끄럽게 섞는다.

TIP 손의 온도로 반죽이 질어질 수 있으니, 손바닥과 손목의 경계 부분을 사용한다.

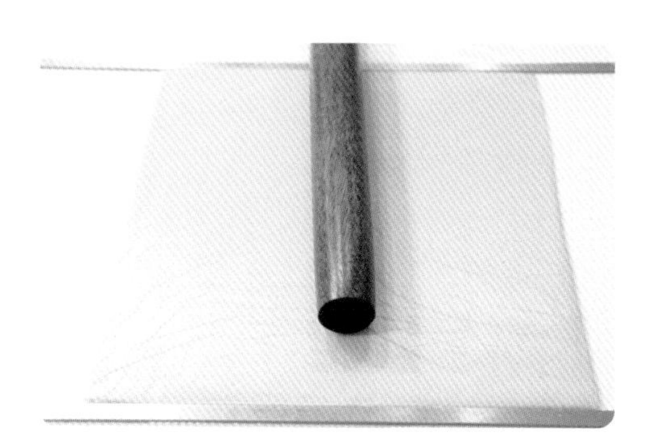

07 반죽을 비닐팩에 넣고 3mm 두께가 되도록 밀어 편다.

TIP 냉장 휴지를 1시간 이상 진행한다.

에스프레소 가나슈

01 생크림에 깔루아와 인스턴트 커피 가루를 넣고 데운다.

TIP 커피 가루가 녹을 정도로만 데운다(전자레인지 30초 이내).

02 녹인 화이트초콜릿에 **1**과 버터, 물엿을 넣고 섞는다.

03 모든 재료가 섞이면 랩핑하여 20분 이상 냉장 보관한다.

완성하기

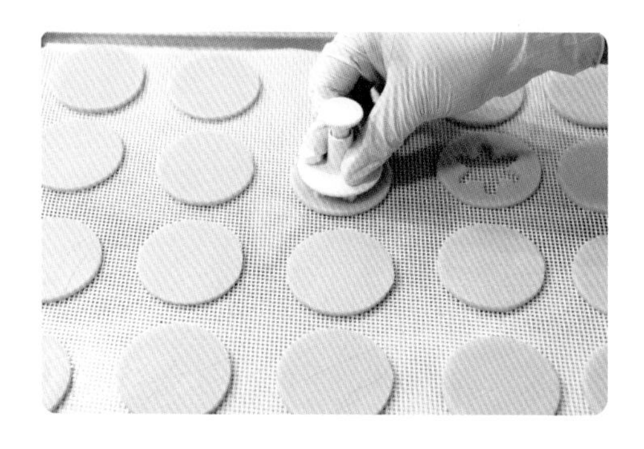

01 휴지된 반죽을 지름 4.5cm로 재단한 후 한쪽 면에만 원하는 모양의 쿠키 커터로 모양을 낸다.

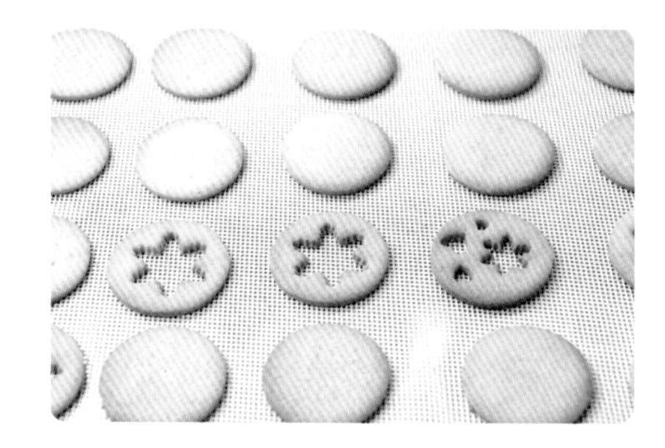

02 예열한 오븐에서 160도 온도로 7분 → 턴(팬 돌리기) → 6분 굽는다.

03 식힌 후 잼 또는 에스프레소 가나슈를 짜 올린다.

04 슈거 파우더를 뿌리고 쿠키를 덮어 마무리한다.

Lesson 04

Crisp Cracker

크리스프

백악관에서 즐겨 먹어 백악관 쿠키라는 별명이 있는 크리스프는
담백한 맛과 바삭한 식감을 즐길 수 있는 두 번 구워 완성하는 건강한 쿠키예요.

Ingredients

쿠키 반죽 10개

마카다미아 … 60g
볶은 현미 … 50g
호박씨 … 25g
해바라기씨 … 25g
건살구 … 70g
건크랜베리 … 10g
건블루베리 … 10g
통밀가루 … 100g
베이킹파우더 … 2g
시나몬 파우더 … 2g
소금 … 1g
플레인 요거트 … 40g
우유 … 120g
머스코바도 … 25g

*모든 재료는 실온 상태로 사용한다.

디종후람보아즈 … 소량

Keeping

초벌된 상태: 냉동 3주

완성된 쿠키: 실온 7일, 냉동 2주

쿠키 반죽

01 우유와 요거트를 제외한 모든 재료를 한 볼에 넣어 준비한다.

TIP
- 건살구, 건크랜베리, 건블루베리를 럼에 재운 후 물기를 제거하여 준비한다.
- 디종 후람보아즈를 사용했지만 원하는 풍미의 럼으로 대체 가능하다.
- 건살구는 3등분하여 사용한다.
- 견과류는 165도 오븐에 7~10분 구워서 사용한다.

02 **1**을 먼저 섞는다.

03 요거트와 우유를 넣고 날가루가 보이지 않도록 섞는다.

04 오란다틀 중사이즈에 넣어 예열된 오븐에서 175도로 25분 굽는다.

05 구워져 나오면 틀에서 분리하여 식힌 후 랩핑하여 3시간 이상 냉동 보관한다.

완성하기

01 냉동 보관해 둔 제품을 썰 수 있을 정도로 해동하여 3~5mm 두께로 얇게 썬다.

02 팬에 올려 예열된 오븐에서 100도 온도로 50~60분 굽는다.

Lesson 05

American Cookies Hibiscus berry

아메리칸 쿠키

- 히비스커스 베리 -

겉은 바삭하고 속은 쫀득하면서도 꾸덕한 아메리칸 쿠키의 식감을 느낄 수 있는 제품으로
향긋한 히비스커스 찻잎과 상큼하면서도 달달한 베리 잼과의 조화를 즐겨 보세요.

Ingredients

쿠키 반죽 10개

버터 … 95g
백설탕 … 60g
황설탕 … 70g
달걀 … 35g
바닐라 엑스트랙트 … 3g
박력분 … 80g
강력분 … 60g
히비스커스 찻잎 … 6g
베이킹소다 … 1g
베이킹파우더 … 2g
소금 … 1g
크림치즈 … 60g

라즈베리 초콜릿 … 10개

믹스베리 잼

* P.17 참고

*크림치즈와 초콜릿을 제외한 모든 재료는 실온 상태로 사용한다.

Keeping

쿠키 반죽: 냉장 2주, 냉동 3주

완성된 쿠키: 실온 3~5일, 냉동 7일

믹스베리 잼: 냉장 2주

쿠키 반죽

01 버터를 부드럽게 푼다.

02 설탕을 전부 넣어 중저속에서 뭉치도록 섞는다.

03 중고속으로 올려서 부드럽게 푼다.

04 달걀과 바닐라 엑스트랙트를 넣고 부드러운 상태로 섞는다.

TIP 달걀은 천천히 섞으면 분리될 가능성이 높으니, 처음부터 고속에서 작업하여 빠르게 섞는다.

05 가루류와 찻잎을 체 쳐 넣고 주걱을 세워 가르듯이 섞는다.

06 반죽이 자잘하게 쪼개지면 주걱의 넓은 면을 이용하여 뭉치듯 섞는다.

07 날가루가 보이지 않을 정도로 섞이면 깍둑 썬 크림치즈를 넣고 골고루 섞는다. 비닐팩에 넣어 냉장 휴지를 1시간 이상 진행한다.

TIP 크림치즈가 덜 뭉개지도록 유의한다.

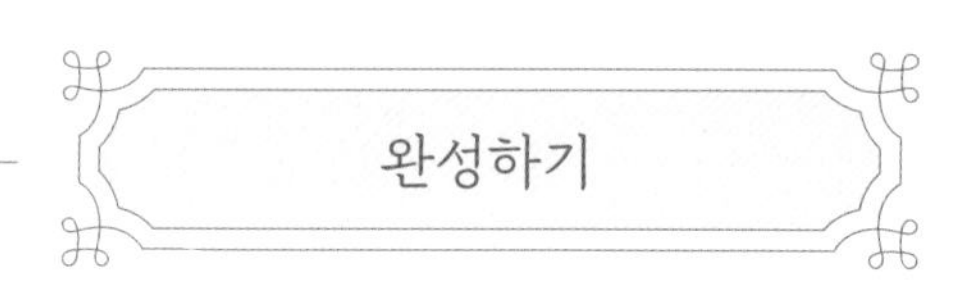

완성하기

01 쿠키 반죽 47g씩 분할하여 예열된 오븐에 175도로 10분 동안 굽는다.

02 잠시 꺼내어 수저로 중앙을 살짝 누른다.

TIP 굽는 도중에 작업하는 것이므로 빠르게 속도를 내는 것이 좋다.

03 그 위에 잼을 올린 후 추가로 4분 굽는다.

04 5분 정도 뜨거운 김을 식힌 후 초콜릿을 올려 마무리 한다.

Lesson 06

American Cookies Chocolate rice cake

아메리칸 쿠키
- 초코 찰떡 -

언제나 사랑받는 아메리칸 쿠키에 쫀득한 찰떡과 달달한 가나슈까지 함께 느낄 수 있어요.

Ingredients

쿠키 반죽 10개

버터 … 95g
백설탕 … 55g
황설탕 … 75g
달걀 … 35g
바닐라 엑스트랙트 … 3g
박력분 … 90g
강력분 … 50g
코코아파우더 … 15g
베이킹소다 … 1g
베이킹파우더 … 2g
소금 … 1g
마카다미아 … 50g

파베초콜릿 10개

다크초콜릿 … 65g
생크림 … 30g
물엿 … 2g
버터 … 4g

찰떡 10개

건식 찹쌀가루 … 97g
설탕 … 22g
소금 … 1g
물 … 85g

*모든 재료는 실온 상태로 사용한다.

Keeping

쿠키 반죽: 냉장 2주, 냉동 3주

완성된 쿠키: 실온 2~3일, 냉동 7일

파베초콜릿: 냉장 7일

찰떡: 냉동 3주

쿠키 반죽

01 버터를 부드럽게 푼다.

02 설탕을 전부 넣어 중저속에서 뭉치도록 섞는다.

03 중고속으로 올려서 부드럽게 푼다.

04 달걀을 넣고 부드러운 상태로 섞는다.

TIP 달걀은 천천히 섞으면 분리될 가능성이 커지니 처음부터 고속에서 작업하여 빠르게 섞는다.

05 가루류를 체 쳐 넣고 주걱을 세워 가르듯이 섞는다.

06 반죽이 자잘하게 쪼개지면 주걱의 넓은 면을 이용하여 뭉치듯 섞는다.

07 날가루가 보이지 않을 정도로 섞이면 마카다미아를 넣고 골고루 섞는다.

TIP 마카다미아는 165도 온도로 7분 정도 구워 준비한다.

파베초콜릿

01 다크초콜릿에 생크림을 넣고 데운다.

TIP 너무 뜨거우면 재료가 분리될 수 있으니 전자레인지로 30초씩 짧게 끊어 가며 데운다.

02 생크림과 초콜릿을 섞은 후 버터와 물엿을 넣고 섞는다.

03 판에 펼쳐 밀착 랩핑하여 냉장에서 1시간 이상 굳힌다.

04 10g씩 분할하여 준비한다.

찰떡

01 모든 재료를 한 번에 넣어 가루가 보이지 않을 정도로 매끄럽게 섞는다.

02 랩핑하여 숨구멍을 내어준 후 전자레인지 2분 30초 돌린다.

03 볼에서 꺼내 밀대로 치대어 찰기를 더해 준다.

TIP 밀대에 붙지 않도록 물을 소량씩 묻혀 가며 작업한다.

04 접어 가며 여러 방향으로 치대어 찰기를 더해 준다.

TIP 대량 작업 시에는 스탠드 믹서 훅으로 작업한다.

05 힘을 주지 않아도 늘어날 정도로 작업한다.

06 20g씩 분할하여 달라붙지 않도록 전분을 살짝 묻혀 밀어 편다.

완성하기

01 찰떡에 파베초콜릿을 넣고 감싼다.

02 쿠키 반죽을 47g씩 분할하여 펼친 후 **1**을 넣어 감싼다.

03 예열된 오븐에 175도 온도로 15분간 굽는다.

04 식힌 후 코코아파우더를 뿌려 마무리한다.

Part 02

스콘

Millhappy Bakery

Lesson 01

Almond Scones

아몬드 스콘

스콘은 영국의 대표적인 디저트로 다양하게 변화를 줄 수 있어요.
아몬드 스콘은 담백한 스콘에 아몬드의 고소함을 실어 홍차나 커피 모두와 잘 어울려요.

Ingredients

스콘 반죽 4개

박력분 … 120g
베이킹파우더 … 4g
소금 … 2g
설탕 … 26g
버터 … 60g
우유 … 50g
아몬드 슬라이스 … 적당량
그라나파다노
파슬리

아몬드 크림

*P.18 참고

*모든 재료는 차갑게 사용한다.

Keeping

스콘 반죽: 1일 이내 또는 냉동 3일
아몬드 크림: 냉장 7일
완성된 스콘: 당일 또는 냉동 7일

스콘 반죽

01 체 친 가루류에 설탕, 소금, 버터를 함께 넣어 푸드 프로세서로 작업한다.

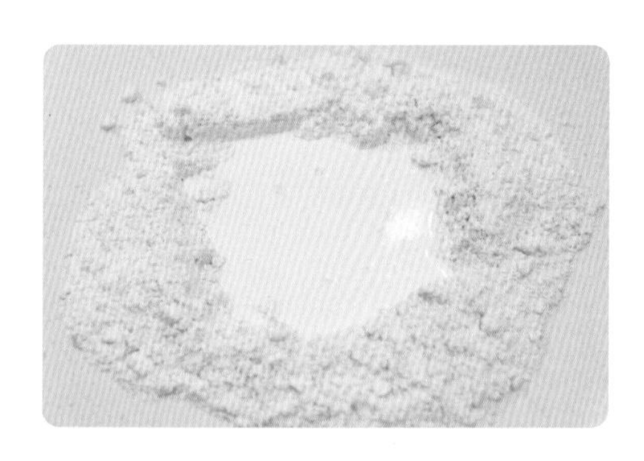

02 버터가 콩알 크기로 다져지면 작업대 위로 꺼내 우유를 넣어 스크래퍼로 다지듯이 섞는다.

03 네모 모양으로 만든 후 2등분하여 위로 포개어(2회 진행) 랩핑 후 냉장 휴지를 3시간한다.

04 4등분하여 윗면에 아몬드 크림을 짜 올린 후 아몬드 슬라이스를 뿌려 예열된 오븐에서 185도 온도로 25~28분간 굽는다.

Lesson 02

Matcha lamington Scones

말차 래밍턴 스콘

향긋한 말차에 달달한 베리 잼과 말차 소스, 그리고 겉에 더해진 코코넛으로

맛과 향, 식감을 모두 다채롭게 채워 줘요.

Ingredients

스콘 반죽 4개

박력분 … 110g
말차 파우더 … 5g
옥수수 전분 … 5g
베이킹파우더 … 4g
소금 … 2g
설탕 … 26g
버터 … 60g
우유 … 30g
생크림 … 20g

말차 소스

화이트초콜릿 … 25g
생크림 … 25g
물 … 20g
말차 파우더 … 5g
설탕 … 2g

믹스베리 잼

*P.17 참고

코코넛분말 … 적당량

*반죽 재료는 모두 차갑게, 소스 재료는 모두 실온 상태로 사용한다.

Keeping

스콘 반죽: 1일 이내 또는 냉동 3일

말차 소스: 냉장 2주

믹스베리 잼: 냉장 2주

완성된 스콘: 당일 또는 냉동 7일

스콘 반죽

01 체 친 가루류에 설탕, 소금, 버터를 함께 넣어 푸드 프로세서로 작업한다.

02 버터가 콩알 크기로 다져지면 작업대 위로 꺼내 수분(우유, 생크림)을 넣어 스크래퍼로 다지듯이 섞는다.

03 네모 모양으로 만든 후 2등분하고 위로 포개어(2회 진행) 랩핑 후 3시간 동안 냉장 휴지 한다.

04 4등분하여 윗면에 생크림을 바른 후 185도 오븐에 23분간 굽는다.

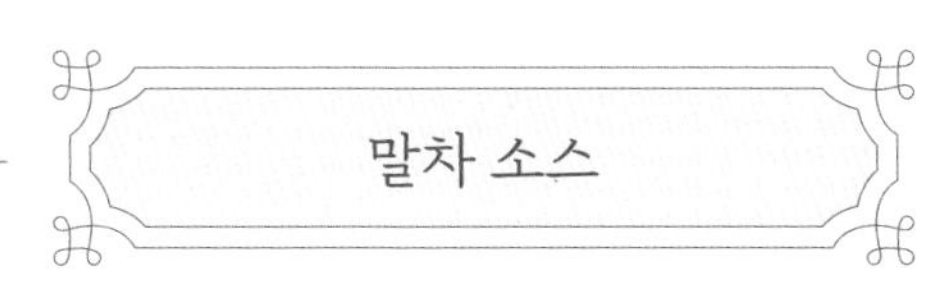

말차 소스

01 화이트초콜릿, 생크림, 물을 데워서 유화한 후 말차 파우더와 설탕을 넣고 섞는다.

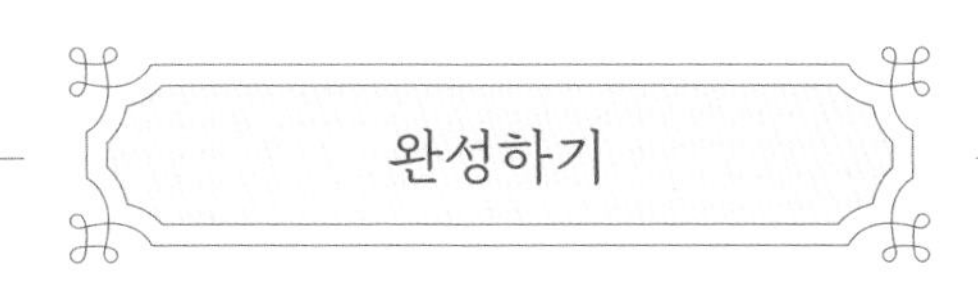

완성하기

01 식혀서 2등분 한 스콘에 베리 잼을 올린다.

02 잼이 샌드된 스콘에 말차 소스를 묻힌다.

03 말차 소스를 입힌 스콘 겉면에 코코넛분말을 묻혀 마무리한다.

Lesson 03

Sun-dried tomato Scones

선드라이토마토 스콘

담백한 스콘에 농후한 선드라이토마토, 짭쪼름한 치즈까지 더해져
디저트는 물론 식사 대용으로도 좋은 스콘이에요.

Ingredients

스콘 반죽 4개

박력분 … 130g
베이킹파우더 … 4g
소금 … 2g
설탕 … 28g
버터 … 50g
요거트 … 42g
우유 … 25g
선드라이토마토 … 30g
올리브 … 10g
치즈 … 10g

선드라이토마토

방울토마토 … 50g
소금 … 적당량
후추 … 적당량
파슬리 … 적당량

그라나파다노 … 적당량
파슬리 … 적당량

*스콘 반죽의 토마토, 올리브, 치즈를 제외한 모든 재료는 차가운 상태로 사용한다.

Keeping

스콘 반죽: 1일 이내 또는 냉동 3일
선드라이토마토: 냉장 2주(올리브오일에 담궈진 밀폐 상태)
완성된 스콘: 당일 또는 냉동 7일

스콘 반죽

01 체 친 가루류에 설탕, 소금, 버터를 함께 넣어 푸드 프로세서로 작업한다.

02 버터가 콩알 크기로 다져지면 작업대 위로 꺼내 우유와 요거트을 넣어 스크래퍼로 다지듯이 섞는다.

03 날가루가 보이지 않을 정도로 섞이면 충전재(선드라이토마토, 올리브, 치즈)를 넣어 골고루 섞는다.

04 네모 모양으로 만든 후 2등분하고 위로 포개어(2회 진행) 랩핑 후 3시간 동안 냉장 휴지한다.

05 4등분하여 윗면에 생크림을 바른 후 치즈를 올려서 예열된 오븐에 190도 온도로 15~18분간 굽는다.

선드라이토마토

01 2등분한 토마토에 소금, 후추, 파슬리를 뿌려 100도 오븐에 30~40분간 굽는다.

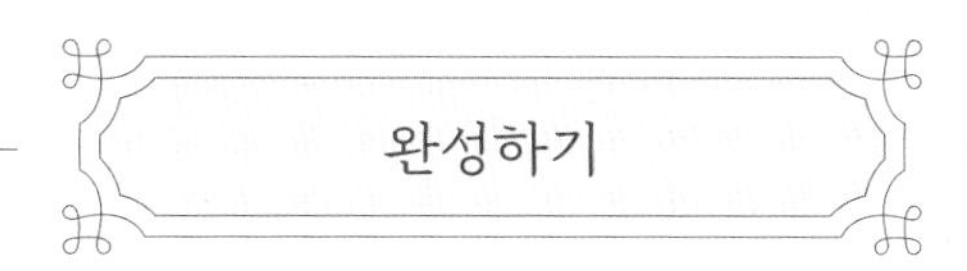

완성하기

01 구워져 나온 스콘을 3~5분 정도 식힌 후 그라나파다노를 갈아 올리고 파슬리를 뿌려서 마무리한다.

Part 03

파운드케이크

Millhappy Bakery

- 흑당 밀크티 파운드
- 초코 바닐라 파운드
- 말차 밤 파운드

Lesson 01

Black sugar milk tea Poundcake

흑당 밀크티 파운드

밀가루:달걀:설탕:버터를 각 1파운드씩 넣어 만든다고 하여 붙여진 이름의

파운드케이크는 오늘날에는 다양한 제법으로 활용되어요.

사탕수수의 풍미와 향긋한 밀크티를 부드러운 파운드로 즐겨 보세요.

Ingredients

케이크 반죽 8개

녹인 버터 ··· 70g
달걀 ··· 130g
머스코바도 ··· 100g
바닐라 엑스트랙트 ··· 3g
박력분 ··· 100g
베이킹파우더 ··· 2g
홍차 찻잎 ··· 4g

*모든 재료는 실온 상태로 사용한다.

얼그레이 글라쎄

물 ··· 10g
홍차 찻잎 ··· 0.5g
슈거 파우더 ··· 50g

Keeping

파운드케이크: 실온 4일, 냉동 10일

얼그레이 글라쎄: 냉장 2주

케이크 반죽

01 달걀에 머스코바도를 넣고 휘핑하여 부피감을 더하고, 살짝 뽀얗게 되도록 작업한다.

02 찻잎과 함께 녹인 버터를 넣어 매끄럽게 섞는다.

TIP 반죽 시작 전 10~30분 정도 찻잎이 우려날 수 있도록 하면 더욱 좋다.

03 가루류를 체 쳐 넣는다.

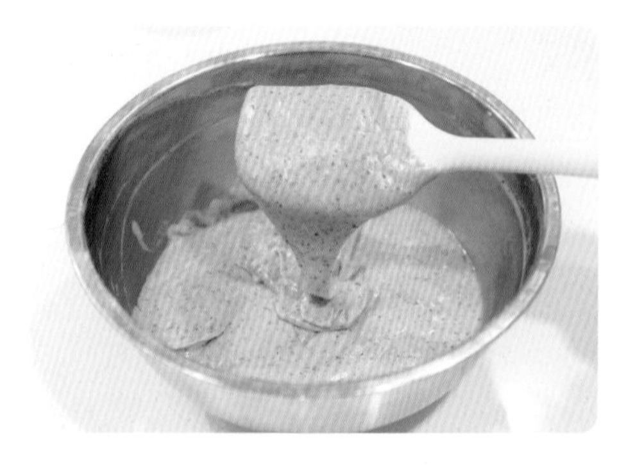

04 날가루가 보이지 않도록 매끄럽게 완성된 반죽을 짤주머니에 담아 준비한다.

05 오발틀에 버터칠을 하고 머스코바도를 얇게 도포한다.

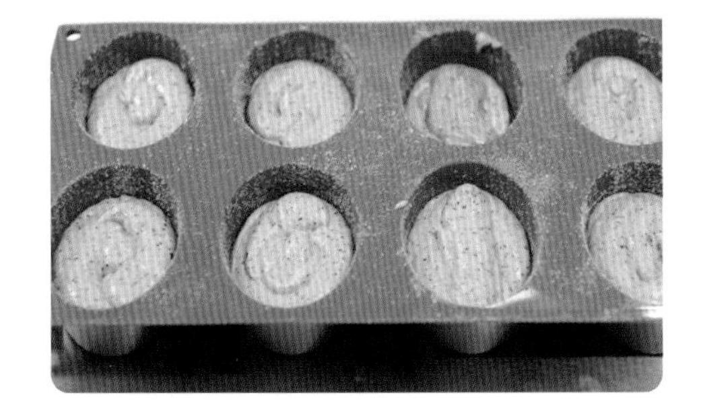

06 6.51g씩 팬닝하여 예열된 오븐에 65도로 25분간 굽는다.

TIP 홍차 찻잎은 티백 사용을 권장한다. 찻잎의 입자가 작기 때문에 식감에 방해되지 않는다. 단 찻잎의 입자가 클 경우 갈아서 사용해도 된다.

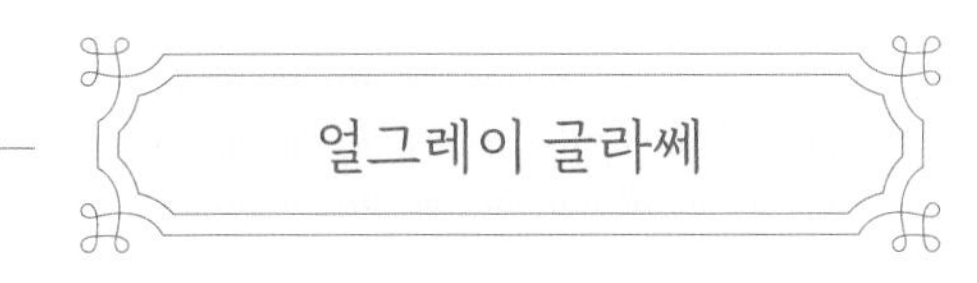

얼그레이 글라쎄

01 물에 찻잎을 넣고 차가 우러날 수 있도록 데운 후 슈거 파우더를 넣고 섞는다.

02 따뜻한 온기가 남아 있는 파운드케이크 윗면에 글라쎄를 발라 마무리한다.

Lesson 02

Chocolate vanilla Poundcake

초코 바닐라 파운드

바닐라향 가득한 파운드에 고급스럽고 진한 초코 크림을
샌드하여 더욱 크리미하게 즐겨요.

Ingredients

케이크 반죽

버터 … 110g
바닐라빈 … 1/2개
설탕 … 100g
달걀 … 110g
바닐라 엑스트랙트 … 3g
소금 … 1g
박력분 … 100g
베이킹파우더 … 2g
생크림 … 30g

*모든 재료는 실온 상태로 사용한다.

초코 크림

생크림A … 30g
다크초콜릿 … 25g
생크림B … 50g

Keeping

파운드케이크: 실온 4일, 냉동 10일

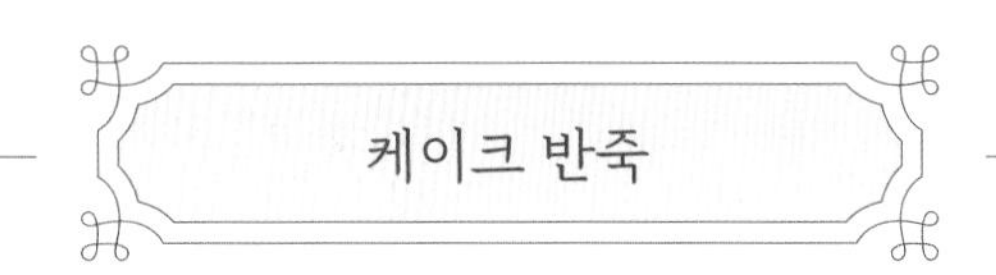

케이크 반죽

01 버터와 바닐라빈을 함께 부드럽게 푼다.

02 설탕을 넣고 섞는다.

TIP 기계를 사용할 때, 설탕이 튈 수 있으니 저속에서 시작하다가 설탕이 튀지 않을 정도로 흡수되면 고속으로 올려 마무리한다.

03 달걀을 두 번에 나눠 넣어 충분히 섞는다.

TIP 달걀은 천천히 섞으면 분리될 가능성이 크니 처음부터 고속으로 작업하여 빠르게 섞는다.

04 가루류를 체 쳐 넣어 가볍게 섞는다.

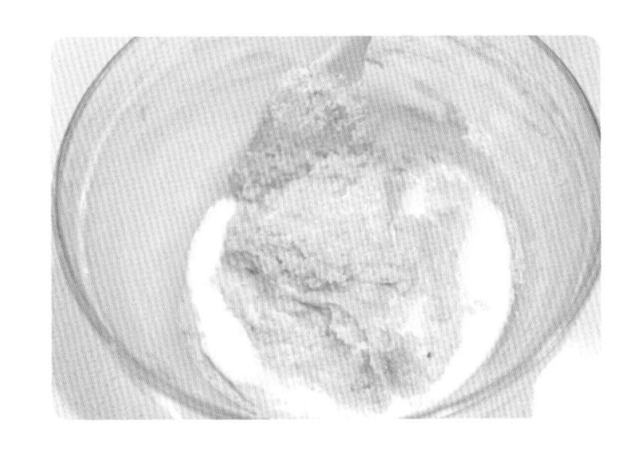

05 날가루가 보이지 않는 정도가 되면 생크림을 넣고 매끄럽게 섞는다.

06 완성된 반죽을 오란다틀 중사이즈에 넣어 예열된 오븐에 165도로 35분간 굽고, 155도에서 15분간 추가로 굽는다.

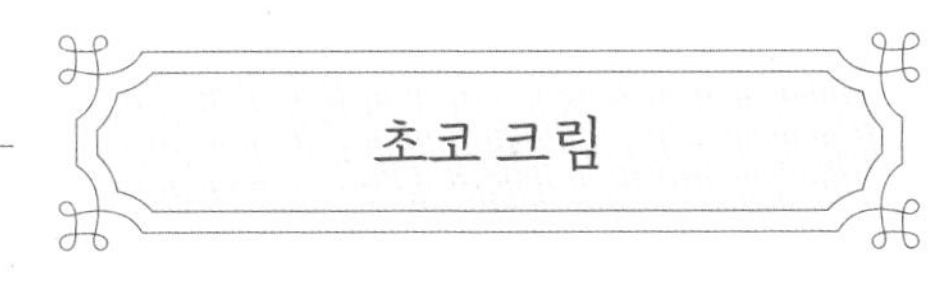

초코 크림

01 녹인 초콜릿에 데운 생크림A를 넣고 유화한다.

02 34도 내외로 식힌 **1**에 생크림B를 넣고 휘핑한다.

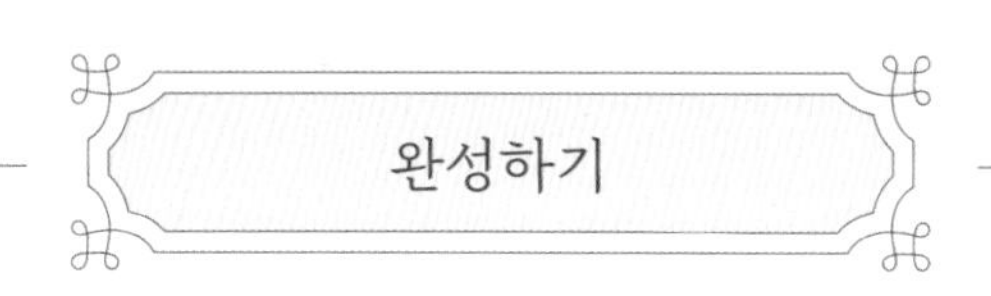

완성하기

01 식힌 바닐라 파운드를 2등분하여 자른다.

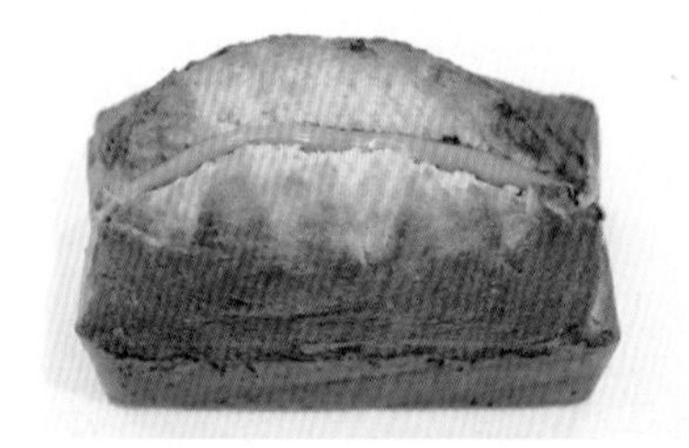

02 파운드 사이에 크림을 샌드한다.

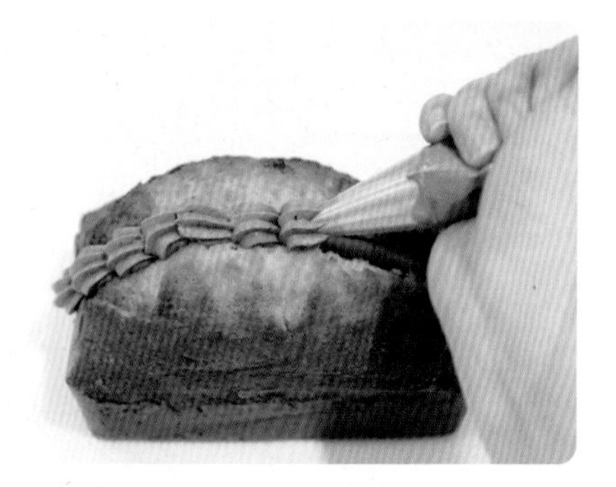

03 윗면은 깍지로 크림을 올려 마무리한다.

Lesson 03

Matcha chestnut Poundcake

말차 밤 파운드

기분 좋은 쌉싸름한 말차 맛, 향긋함에 콕콕 씹히는 밤과
골드럼의 풍미가 물씬 느껴지는 케이크예요.

Ingredients

케이크 반죽

버터 … 70g
크림치즈 … 20g
밤 페이스트 … 40g
설탕 … 110g
소금 … 1g
바닐라 엑스트랙트 … 3g
달걀 … 110g
박력분 … 90g
베이킹파우더 … 2g
말차 파우더 … 10g
밤 … 50g

밤 크림

밤 페이스트 … 40g
바카디 골드럼 … 2g
버터 … 10g
생크림 … 20g

*모든 재료는 실온 상태로 사용한다.

Keeping

파운드케이크: 실온 4일, 냉동 10일

밤 크림: 냉장 5일

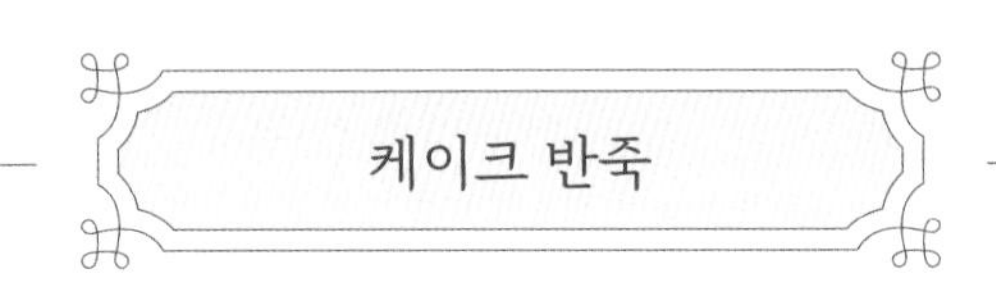

케이크 반죽

01 버터, 크림치즈, 밤페이스를 부드럽게 푼다.

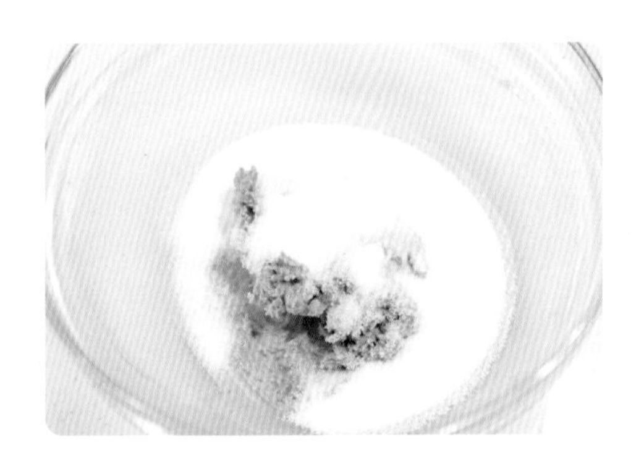

02 설탕을 넣고 섞는다.

TIP 기계를 사용할 때, 설탕이 튈 수 있으니 저속에서 시작하다가 설탕이 튀지 않을 정도로 흡수되면 고속으로 올려 마무리한다.

03 달걀을 두 번에 나눠 넣어 섞는다.

TIP 달걀은 천천히 섞으면 분리될 가능성이 크니 처음부터 고속으로 작업하여 빠르게 섞는다.

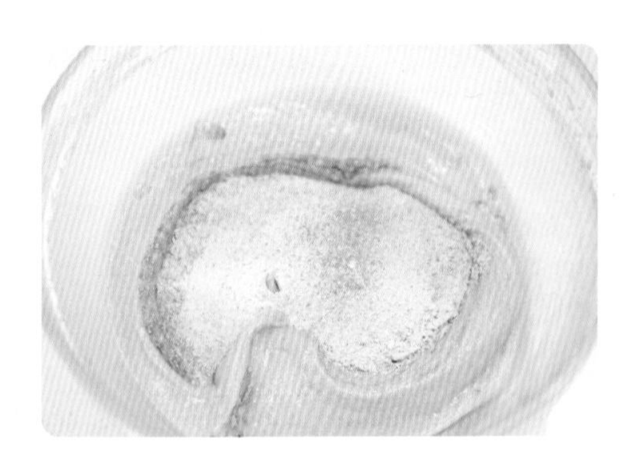

04 가루류를 체 쳐 넣어 날가루가 보이지 않도록 가볍게 섞는다.

05 밤을 넣고 골고루 섞는다.

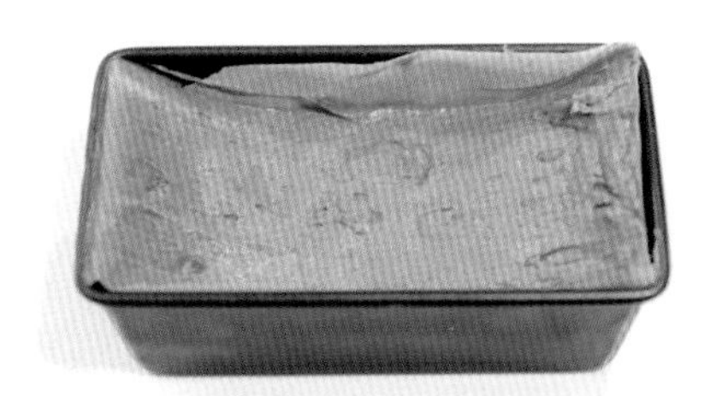

06 오란다틀 중사이즈에 넣어 예열된 오븐에 165도로 35분간 굽고 155도 온도에서 추가로 15분 더 굽는다.

밤 크림

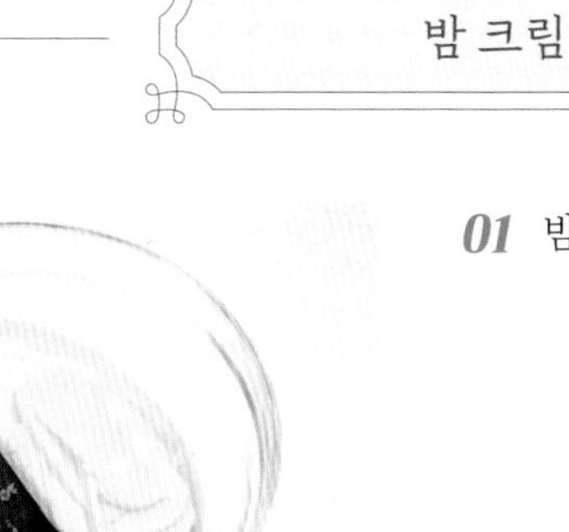

01 밤 페이스트와 버터를 함께 푼다.

02 생크림과 럼을 넣어 부드러운 크림 상태로 만든다.

03 체에 걸러 곱게 내린다.

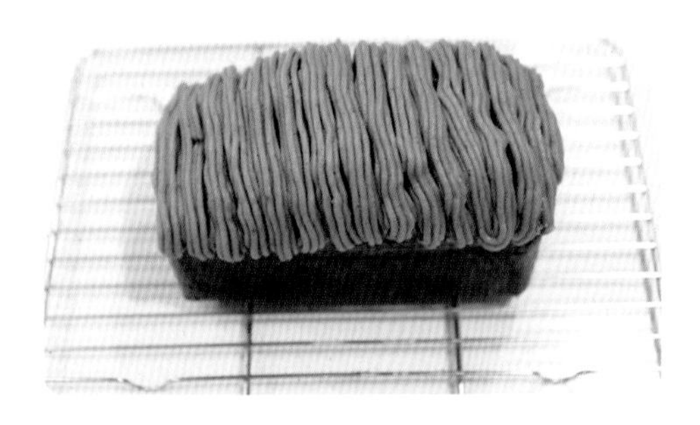

04 식힌 파운드케이크 위에 몽블랑 깍지를 이용하여 밤 크림을 짜 올리고 마무리한다.

TIP 골드럼의 경우 대체 혹은 생략도 가능하다.

Part 04

컵케이크

Millhappy Bakery

Lesson 01

Vanilla Genoise

바닐라 제누아즈

제누아즈는 케이크 시트를 뜻하는 제품으로 스펀지케이크의 일종이에요.

Ingredients

바닐라 제누아즈 9개

달걀 … 158g
설탕 … 105g
꿀 … 4g
박력분 … 105g
버터 … 30g
우유 … 37g

*모든 재료는 실온 상태로 사용한다.

Keeping

실온 4일, 냉동 2주

제누아즈

01 흰자와 노른자가 섞일 정도로만 달걀을 가볍게 휘핑한다.

02 설탕과 꿀을 넣고 중탕하며 휘핑한다(38~45도).

TIP 제누아즈는 팽창제가 들어가지 않기 때문에 여기서 포집된 공기로만 부피 팽창이 일어난다. 따라서 이 공기를 좀 더 단단하게 포집하기 위해서 중탕하며 작업한다. 반죽이 뽀얗고 핸드 믹서로 반죽을 들어 올려 리본을 그렸을 때 바로 퍼지지 않고 모양이 남아 있을 정도로 작업한다.

03 리본 모양이 선명히 남아있도록 휘핑한다.

04 저속에서 한곳에 2~3초 정도 머물며 반죽 전체의 기포를 정리한다.

TIP 위에서 중고속으로 작업하며 불규칙하고 거칠게 형성된 기포를 작고 단단한, 규칙적인 구조로 만든다. 윗면이 터지지 않게 하며, 위아래 식감을 동일하게 형성한다. 이 작업을 하지 않는다면 무거운 기포는 아래로 가라앉고, 가벼운 기포는 위로 떠오르기 때문에 위아래 무게 차이에 따라 식감도 다르게 느껴진다.

05 체 친 가루를 두 번에 나누어 넣고 가볍게 퍼 올리듯이 섞는다.

TIP 반죽에 비해 가루가 무거워 자꾸 가라앉기 때문에 퍼 올리는 듯한 동작으로 공기가 많이 꺼지지 않도록 가볍게 섞는다.

06 60~70도 사이로 우유에 버터를 녹이고 반죽을 조금 덜어 내어 섞는다.

TIP 액상 상태로 본 반죽에 들어가면 무거워서 가라앉는다. 이걸 섞다가 공기가 많이 깨질 수 있기 때문에 본 반죽의 일부를 섞어 반죽과 비슷한 제형으로 만든 후 본 반죽과 섞는다. 이때 섞이는 반죽의 기포는 깨져버리기 때문에 이를 희생 반죽 혹은 죽은 반죽이라 일컫는다.

07 6을 반죽에 넣고 가볍게 퍼 올리듯이 섞는다.

08 48~50g씩 팬닝 후 예열해 둔 오븐에 넣고 160도 온도로 23분간 굽는다.

09 구워져 나오면 뒤집어서 1~2분 정도 식힌 후 다시 원상태로 밀폐 보관하여 완전히 식힌다.

TIP 제품을 노출시켜 완전히 식힐 시 겉이 마를 수 있기 때문에 뜨거움을 한 김 식힌 후 밀폐하여 완전히 식혀서 촉촉함을 유지한다.

Lesson 02

Vanilla Cupcake / Espresso Cupcake

바닐라 컵케이크 / 에스프레소 컵케이크

진한 바닐라 맛과 향긋한 에스프레소 맛은 아이스크림처럼, 무스처럼 즐기기 좋은 컵케이크예요.

Ingredients

머핀 각 4개씩

버터 … 104g
달걀 … 88g
바닐라빈 … 1/2개
설탕 … 160g
생크림 … 88g
플레인 요거트 … 32g
소금 … 1.5g
박력분 … 264g
베이킹파우더 … 3g

깔루아 … 4g
커피엑기스 … 6g
피칸 … 16g

크럼블

중력분 … 50g
아몬드 파우더 … 50g
버터 … 50g
황설탕 … 50g

*모든 재료는 실온 상태로 사용한다.

Keeping

머핀: 실온 4일, 냉동 2주

컵케이크: 냉장 3일

크럼블: 냉동 3주

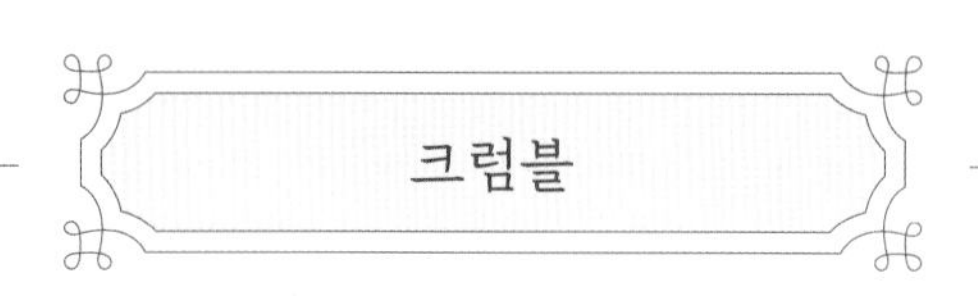

크럼블

01 버터를 부드럽게 푼다.

02 설탕을 넣고 섞는다.

TIP 기계를 사용할 때, 설탕이 튈 수 있으니 저속에서 시작하다가 설탕이 튀지 않을 정도로 흡수되면 고속으로 올려 마무리한다.

03 가루류를 체 쳐 넣어 저속에서 섞는다.

04 모래알같이 건조한 반죽을 손으로 뭉친다.

05 뭉친 반죽을 다시 부스러뜨리고 뭉치는 과정을 반복하며 되직하게 제형을 맞추고 원하는 크기로 만들어 사용한다.

TIP 완성된 크럼블은 30분 동안 냉동 휴지 후 사용한다.

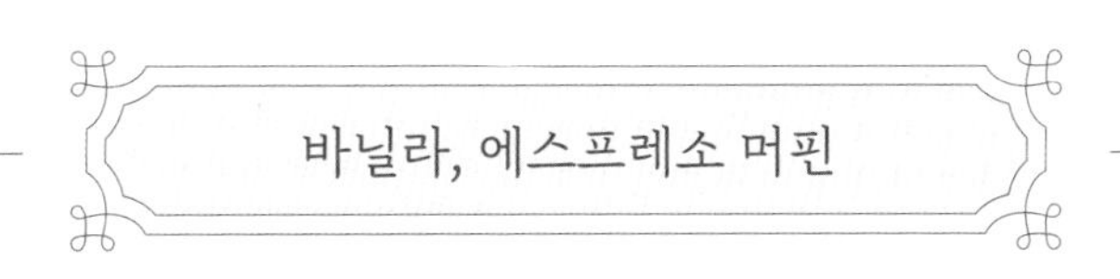

바닐라, 에스프레소 머핀

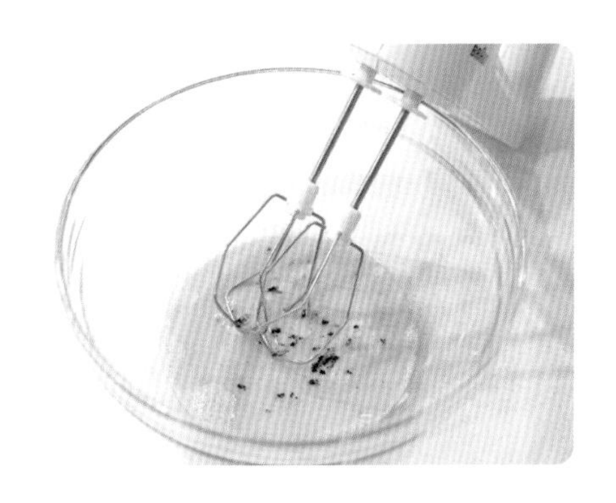

01 달걀, 바닐라빈을 볼에 넣고 섞는다.

02 설탕을 넣고 휘핑한다. 이때 반죽이 뽀얗게 변하며 부피가 살짝 형성된다. 핸드 믹서로 반죽을 들어 올렸을 때 반죽이 주르륵 흐르는 정도이다. 흐를 때 바닥에 계단 층이 쌓이지만 고정되지 않고 퍼진다.

03 생크림과 요거트, 소금을 넣고 섞는다.

TIP 고속으로 재료가 다 혼합되는 정도로만 짧게 믹싱한다. 핸드 믹서로 반죽을 들어 올렸을 때 반죽이 따라 올라오지 않을 정도로 반죽이 다시 묶어진다.

04 박력분, 베이킹파우더를 체 쳐 넣어 가볍게 섞는다.

TIP 핸드 믹서 저속으로 작업한다. 90%만 섞는다. 남아 있는 가루는 주걱으로 볼 정리하듯 긁어 모아 준다.

05 녹인 버터를 넣고 중속에서 90% 정도만 섞은 후, 고속으로 변환하여 짧게 두세 바퀴 안에 마무리한다. 이후 주걱으로 볼정리하듯 충분히 유화되도록 한다.

TIP 녹인 버터는 뜨겁지 않은, 미지근한 상태로 사용한다.

06 370g씩 반죽을 분할한다.

TIP 바닐라는 따로 더해지는 재료가 없기에 여기서 바로 짤주머니에 넣는다.

07 분할한 반죽에 에스프레소 재료(깔루아, 커피엑기스, 피칸)을 넣어 전체적으로 커피맛 반죽이 될 수 있게 섞는다.

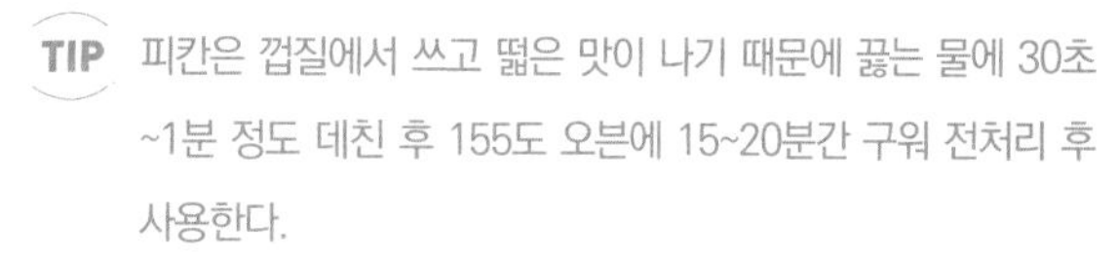

TIP 피칸은 껍질에서 쓰고 떫은 맛이 나기 때문에 끓는 물에 30초~1분 정도 데친 후 155도 오븐에 15~20분간 구워 전처리 후 사용한다.

08 에스프레소 반죽은 95g씩, 바닐라 반죽은 92g씩 팬닝하고 크럼블을 올린 후 165도 오븐에서 30분간 굽는다.

Ingredients

바닐라 몽떼 크림

화이트초콜릿 … 56g
젤라틴매스 … 6g
생크림A … 64g
바닐라빈 … 1/3g
생크림B … 110g
설탕 … 10g

* 젤라틴매스는 판젤라틴으로
대체 가능하다(바닐라:1g, 에스프레소:1.3g).

에스프레소 몽떼 크림

화이트초콜릿 … 60g
인스턴트커피 … 1.6g
젤라틴매스 … 7.8g
생크림A … 64g
생크림B … 110g
설탕 … 10g

샹티 크림

생크림 … 90g
설탕 … 9g

***생크림 B와 샹티 크림의 재료는 차가운 상태로 사용한다.**

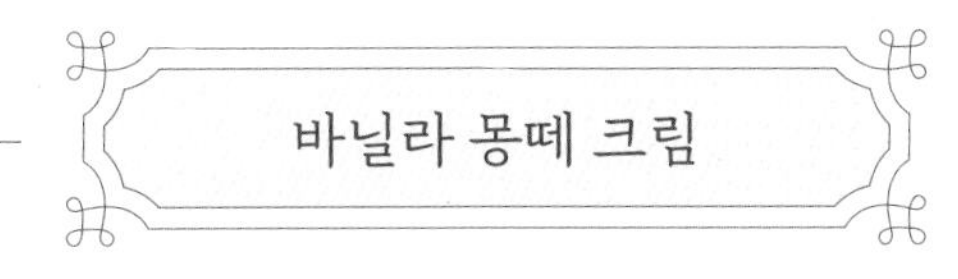

바닐라 몽떼 크림

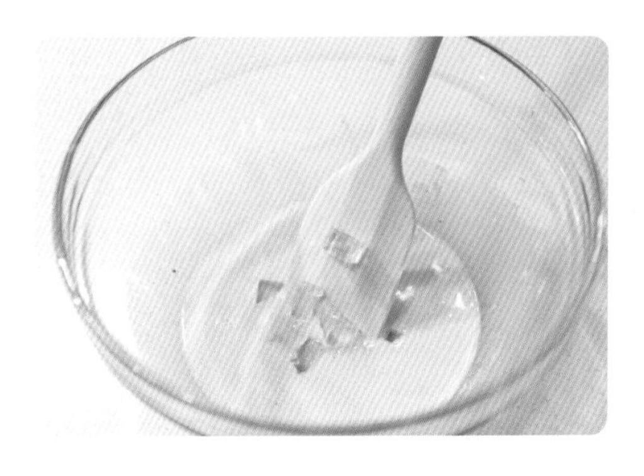

01 데운 생크림A에 바닐라빈과 화이트초콜릿, 젤라틴매스를 넣고 유화한 후 밀착 랩핑하여 4시간 이상 냉장 보관, 혹은 1시간 이상 냉동한다(냉장 권장).

TIP 젤라틴매스: 가루젤라틴에 물을 넣고 가루가 녹도록 잘 섞은 후 굳혀서 준비한다(젤라틴1:물5). 물의 온도를 젤라틴이 잘 녹을 수 있는 40~45도로 사용한다. 이렇게 만들어 둔 젤라틴매스는 냉장 2주, 냉동 한 달 정도 보관이 가능하기 때문에 대량 생산할 수 있다.

02 굳혀서 준비한 **1**을 먼저 부드럽게 푼 후, 생크림B와 설탕을 넣고 휘핑한다.

TIP 바닐라 아이스크림같이 힘있는 텍스쳐로 휘핑한다. 크림이 묽으면 고정력이 약해지고 스쿱에서 잘 떨어지지 않으니 유의한다.

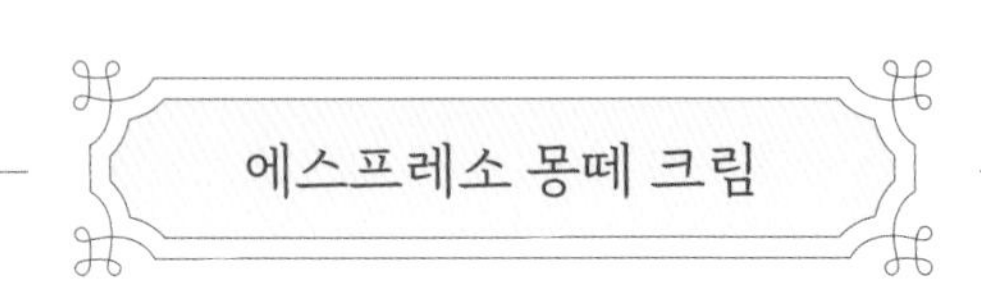

에스프레소 몽떼 크림

01 바닐라 몽떼 크림과 동일하게 진행하나 **1** 순서에 인스턴트커피를 추가한다.

02 굳혀서 준비한 **1**을 먼저 부드럽게 푼 후, 생크림B와 설탕을 넣고 휘핑한다.

TIP 바닐라 아이스크림같이 힘있는 텍스쳐로 휘핑한다. 크림이 묽으면 고정력이 약해지고 스쿱에서 잘 떨어지지 않으니 유의한다.

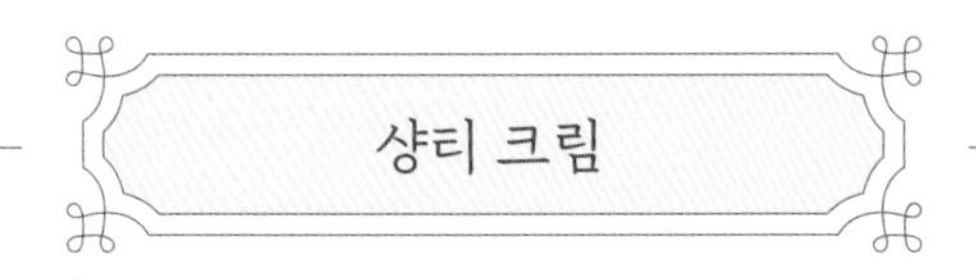

샹티 크림

01 생크림에 설탕을 넣고 90% 휘핑한다.

완성하기

01 사과씨 제거기를 이용해 머핀의 중앙을 파낸다.

02 식은 머핀에 샹티 크림을 넣는다.

03 아이스크림 스쿱(지름6.3cm)에 크림을 꾹꾹 눌러 담아 머핀 위에 올린다(바닐라와 에스프레소 동일하게 진행한다).

04 에스프레소 크림 위에 코코아파우더를 뿌려 마무리한다.

Lesson 03

Melon Cupcake
멜론 컵케이크

무더운 여름, 시원하게 즐기기 좋은 달콤한 멜론 컵케이크

Ingredients

바닐라 제누아즈
*P.89 참고

멜론 앙글레즈 3개
노른자 … 17g
설탕 … 10g
멜론 리플 잼 … 20g
버터 … 45g
색소 … 2방울

요거트 크림
생크림 … 100g
설탕 … 10g
요거트 파우더 … 17g
디종 뽐므 … 5g

멜론 … 적당량
화이트초콜릿 … 적당량

*앙글레즈의 재료는 실온 상태, 요거트 크림의 모든 재료는 차가운 상태로 사용한다.

Keeping

컵케이크: 냉장 3일

멜론 앙글레즈

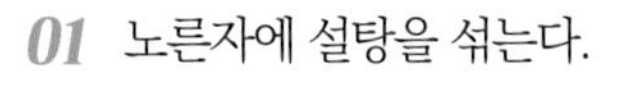

01 노른자에 설탕을 섞는다.

02 멜론 리플 잼을 넣고 섞는다.

03 중탕하여 77~85도로 올린다. 익지 않도록 잘 저어가며 작업한다.

TIP 묽은 제형이 농도가 생기기 시작하면 적정 온도에 가까워지는 것이니 집중한다.

04 제형과 온도가 맞춰지면 잠시 식히며 대기한다.

05 버터를 부드럽게 푼다.

06 35도 이하로 식힌 **4**를 버터에 반씩 나눠 넣으며 부드럽게 섞는다.

07 색소를 넣어 매끄럽게 섞는다.

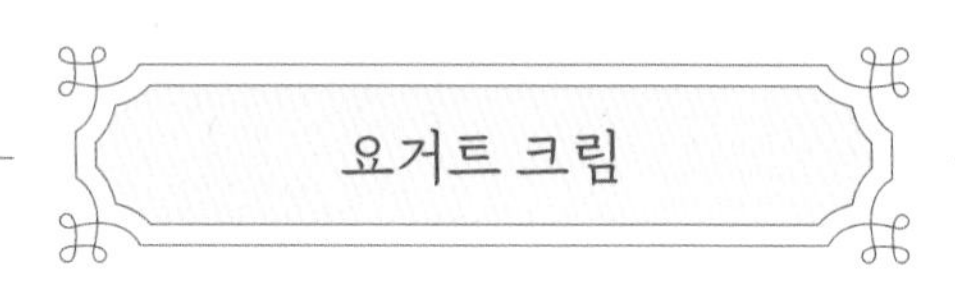

요거트 크림

01 생크림에 설탕, 요거트 파우더, 디종 뽐므를 넣고 휘핑한다.

완성하기

01 앙글레즈와 요거트 크림의 색이 온전히 섞이지 않도록 살짝 섞는다.

02 아이스크림 스쿱(지름 6.3cm)에 크림을 꾹꾹 눌러 담아 식힌 바닐라 제누아즈 위에 한 스쿱씩 올린다.

03 멜론을 올리고 그 위에 화이트초콜릿을 갈아 마무리한다.

Cherry Blossom Cupcake

벚꽃 컵케이크

선선한 봄바람을 맞으며 입 안에 향긋한 히비스커스와 베리향을 선사할 컵케이크

Ingredients

바닐라 제누아즈

*P.89 참고

히비스커스 젤리

판젤라틴 … 2g
물 … 52g
히비스커스 찻잎 … 2g
벚꽃 리큐어 … 10g
설탕A … 15g
설탕B … 15g
펙틴 … 1g

크림 3개

노른자 … 26g
설탕 … 15g
벚꽃 리큐어A … 30g
라즈베리 초콜릿 … 23g
버터 … 68g
생크림 … 52g
벚꽃 리큐어B … 2g

라즈베리 초콜릿 … 적당량

*생크림을 제외한 모든 재료는 실온 상태로 사용한다.

Keeping

컵케이크: 냉동 2주

히비스커스 젤리: 냉동 7일

01 물과 히비스커스 찻잎을 70~80도로 10분간 우린다. 판젤라틴은 물에 불려 준비한다.

02 체에 거른 후 52g이 되도록 물을 추가한다.

03 설탕B에 펙틴을 섞고, 벚꽃 리큐어와 함께 **2**에 넣어 한소끔 끓도록 가열한다.

04 불에서 내려 불린 젤라틴을 넣고 잘 유화한 뒤 준비한 바트에 펼쳐 식힌다.

TIP 냉동 3시간 이상

크림

01 노른자에 설탕을 섞는다.

02 벚꽃 리큐어A를 넣어 섞고 중탕하여 77~85도로 올린다. 익지 않도록 잘 저어가며 작업한다.

TIP 묽은 제형이 농도가 생겨가기 시작하면 온도에 가까워지는 것이니 집중한다.

03 제형과 온도가 맞춰지면 불 밖으로 내려 40~50도로 식힌다.

04 초콜릿을 넣고 섞는다.

05 버터를 부드럽게 푼다.

06 35도 이하로 식힌 **4**를 버터에 반씩 나눠 넣으며 부드럽게 섞는다.

07 생크림과 벚꽃 리큐어B를 휘핑한다.

08 **6**에 생크림을 나눠 넣으며 섞는다.

09 생크림이 모두 섞이면 만들어 둔 젤리를 20g 넣어 섞는다.

10 아이스크림 스쿱(지름 6.3cm)에 크림을 꾹꾹 눌러 담는다.

11 식힌 바닐라 제누아즈 위에 한 스쿱씩 올려 마무리한다.

TIP 라즈베리 초콜릿 적당량을 녹여 붓으로 크림에 3곳 정도 터치하여 마무리한다.

Lesson 05

Fashion Fruits Lemon Cupcake

패션 레몬 컵케이크

패션후르츠와 레몬의 각각 다른 상큼함으로
다채로운 시트러스 향을 즐길 수 있는 컵케이크

Ingredients

바닐라 제누아즈
*P.89 참고

레몬 데코칩
이소말트 … 적당량
건조 오렌지칩 … 3개

패션 레몬 크림
크림치즈 … 50g
설탕 … 15g
생크림 … 120g

패션 레몬 소스
패션후르츠 퓌레 … 15g
레몬즙A … 13g
설탕 … 25g
펙틴 … 1.5g
레몬즙B … 5g

*생크림을 제외한 모든 재료는 실온 상태로 사용한다.

Keeping

패션 레몬 데코칩: 실온 7일
패션 레몬 소스: 냉장 7일
컵케이크: 냉장 3일

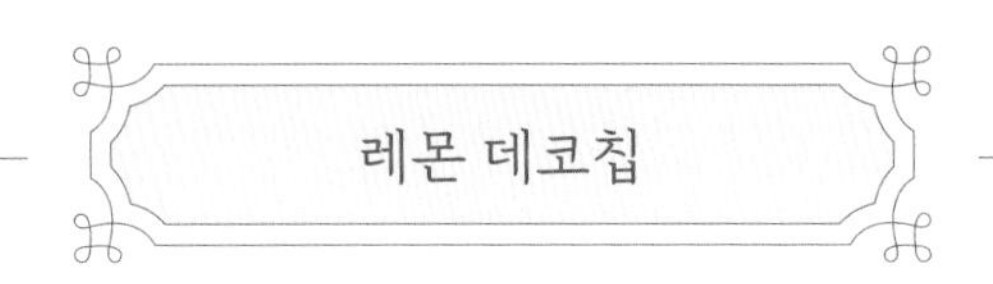

레몬 데코칩

01 이소말트를 데프론시트 사이에 얇게 도포하여 150도 오븐에 17분간 녹인다.

02 오븐에서 꺼내 건조 오렌지칩을 사이에 넣어 식힌다.

TIP 이소말트를 생략하고 오렌지칩으로만 데코 가능하다.

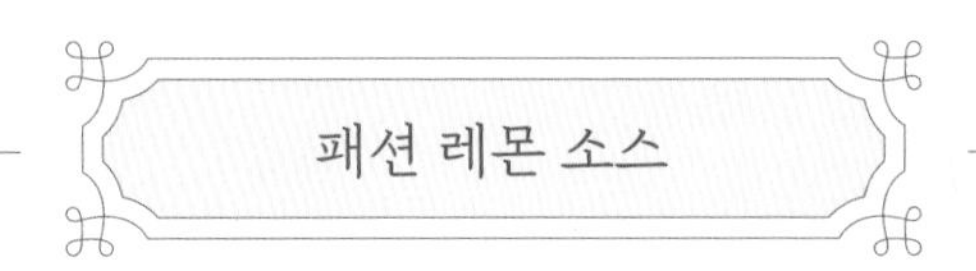

패션 레몬 소스

01 패션후르츠 퓌레, 레몬즙A, 설탕, 펙틴을 함께 넣어 한소끔 끓인 후, 불에서 내려 레몬즙B를 섞어 마무리한다.

TIP 펙틴은 설탕에 섞어서 함께 들어간다.

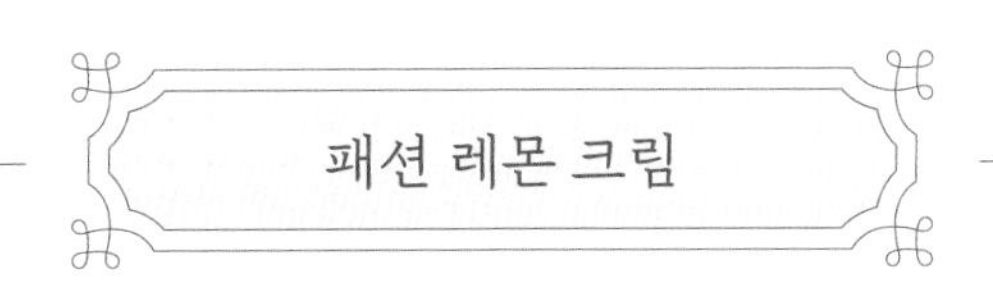

패션 레몬 크림

01 크림치즈를 부드럽게 푼다.

02 설탕을 넣고 섞는다.

03 생크림을 넣고 휘핑한다.

TIP 액체 상태의 생크림이 잘 튀기 때문에 저속에서 시작하며 천천히 속도를 높인다.

04 윤기는 잃지 않으면서 고정되는 정도까지 올린다.

완성하기

01 아이스크림 스쿱(지름 6.3cm)에 크림을 꾹꾹 눌러 담아 식힌 바닐라 제누아즈 위에 한 스쿱씩 올린다.

02 따뜻한 상태의 스푼을 사용하여 크림의 가운데를 살짝 파낸다.

03 패션 레몬 소스를 흐르지 않을 정도로 가득 담아 마무리한다.

Lesson 06

Black sesame sweet potato Cupcake

흑임자 군고구마 컵케이크

고소한 국산 흑임자에 농축된 당도의 군고구마가 더해져 조화로운 컵케이크

Ingredients

흑임자 제누아즈 3개

달걀 … 55g
설탕 … 35g
꿀 … 5g
박력분 … 33g
흑임자 페이스트 … 8g
버터 … 11g
우유 … 15g
바닐라 엑스트랙트 … 5g

*모든 재료는 실온 상태로 사용한다.

흑임자 페이스트

검은깨 … 적당량

흑임자 샹티크림

생크림 … 50g
설탕 … 5g
흑임자 페이스트 … 10g

군고구마 무스

군고구마 … 250g
생크림 … 50g

깨 누가틴

생크림 … 25g
설탕 … 30g
물엿 … 10g
메이플 시럽 … 15g
버터 … 20g
검은깨 … 25g

Keeping

흑임자 페이스트: 냉동 3주
군고구마 무스: 냉장 7일
깨 누가틴: 실온 5일
컵케이크: 냉장 3일

흑임자 제누아즈

01 달걀과 바닐라 엑스트랙트가 섞일 정도로만 가볍게 휘핑한다.

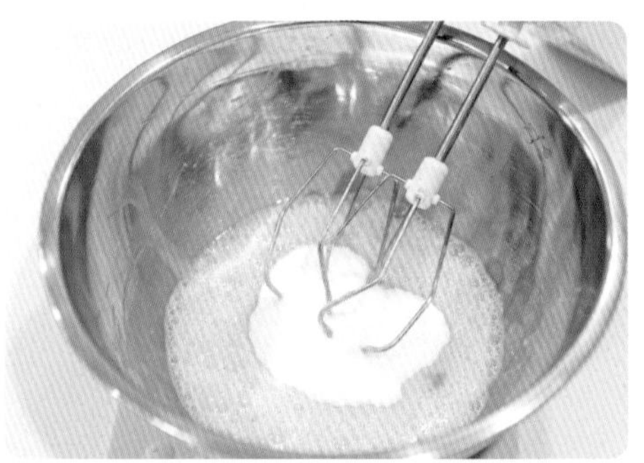

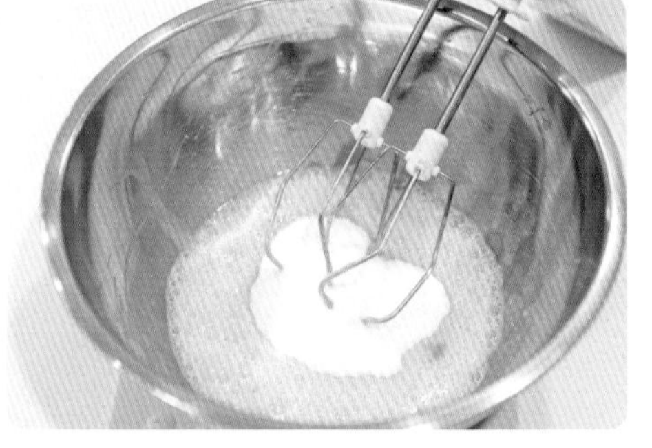

02 설탕과 꿀을 넣고 중탕하며 휘핑한다(38~45도).

TIP 제누아즈는 팽창제가 들어가지 않기 때문에 여기서 포집된 공기로만 부피 팽창이 일어난다. 따라서 이 공기를 좀 더 단단하게 포집하기 위해서 중탕하며 작업한다. 반죽이 뽀얗고 핸드 믹서로 반죽을 들어 올려 리본을 그렸을 때 바로 퍼지지 않고 모양이 남아 있을 정도로 작업한다.

03 리본 모양이 선명히 남아있도록 휘핑한다.

04 저속에서 한곳에 2~3초 정도 머물며 반죽 전체의 기포를 정리한다.

TIP 위에서 중고속으로 작업하며 불규칙하고 거칠게 형성된 기포를 작고 단단한, 규칙적인 구조로 만든다. 윗면이 터지지 않게 하며, 위아래 식감을 동일하게 형성한다. 이 작업을 하지 않는다면 무거운 기포는 아래로 가라앉고, 가벼운 기포는 위로 떠오르기 때문에 위아래 무게 차이에 따라 식감도 다르게 느껴진다.

05 체 친 박력분과 흑임자 페이스트를 두 번에 나누어 넣고 가볍게 퍼 올리듯이 섞는다.

TIP 반죽에 비해 가루가 무거워 자꾸 가라앉기 때문에 퍼 올리는 듯한 동작으로 공기가 많이 꺼지지 않도록 가볍게 섞는다.

06 60~70도 사이로 녹인 버터와 우유에 반죽을 조금 덜어내어 섞는다.

TIP 액상 상태로 본 반죽에 들어가면 무거워서 가라앉는다. 이걸 섞다가 공기가 많이 깨질 수 있기 때문에 본 반죽의 일부를 섞어 반죽과 비슷한 제형으로 만든 후 본 반죽과 섞는다. 이때 섞이는 반죽의 기포는 깨져버리기 때문에 이를 희생 반죽 혹은 죽은 반죽이라 일컫는다.

07 6을 반죽에 넣고 가볍게 퍼 올리듯이 섞는다.

08 55g씩 팬닝 후 예열해 둔 오븐에 넣고 155도 온도에서 23분간 굽는다.

09 구워져 나오면 뒤집어서 1~2분 정도 식힌 후 다시 원상태로 밀폐 보관하여 완전히 식힌다.

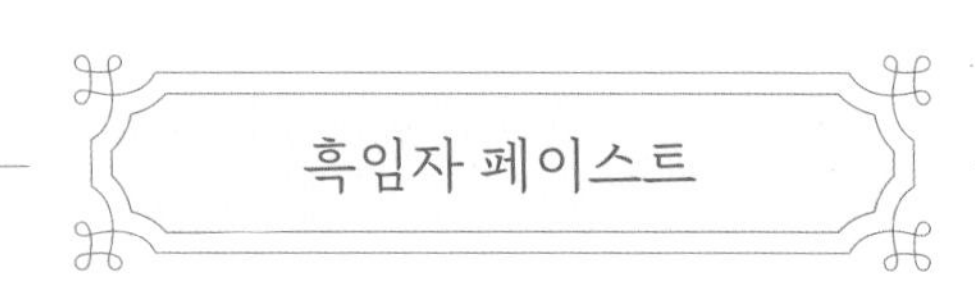

흑임자 페이스트

01 검은깨를 볶아서 준비한다.

02 한 김 식힌 깨를 믹서에 곱게 간다.

TIP 곱게 갈기 위해서는 소량 작업은 어려우니 100g 이상 진행하는 것이 좋다. 냉동 보관 3주까지 가능하다.

흑임자 샹티 크림

01 모든 재료를 한번에 넣어 휘핑한다.

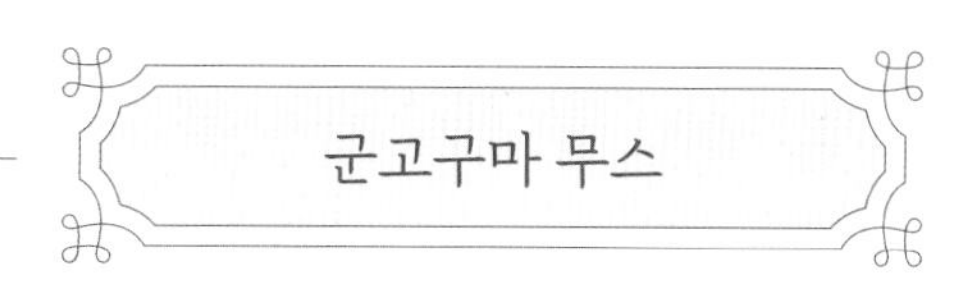

군고구마 무스

01 오븐에 구운 고구마에 생크림을 조금씩 넣으며 핸드블렌더로 간다(고구마에 따라 수분 함량이 다르기 때문에 정해진 그램수를 다 넣기보다는 조금씩 넣으며 텍스쳐를 확인한다).

02 고구마가 곱게 갈리고, 묽지 않은 텍스쳐가 되면 마무리한다.

깨 누가틴

01 검은깨를 제외한 모든 재료를 냄비에 넣어 110도까지 가열한다.

02 깨를 넣어 섞는다.

03 팬에 올려 예열된 오븐에 175도로 7~10분간 굽는다.

04 구워져 나오면 지름 5cm 쿠키 커터로 재단한다.

05 원형바에 올려 모양을 잡아 식힌다.

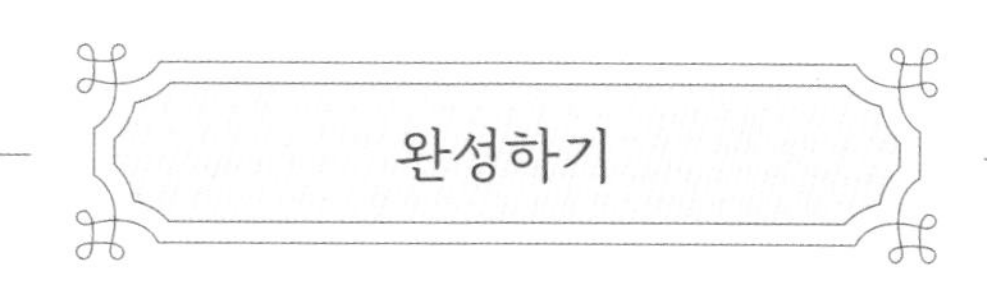

완성하기

01 식힌 흑임자 제누아즈의 가운데를 사과씨 제거기로 파낸다.

02 흑임자 샹티 크림을 채워 넣는다.

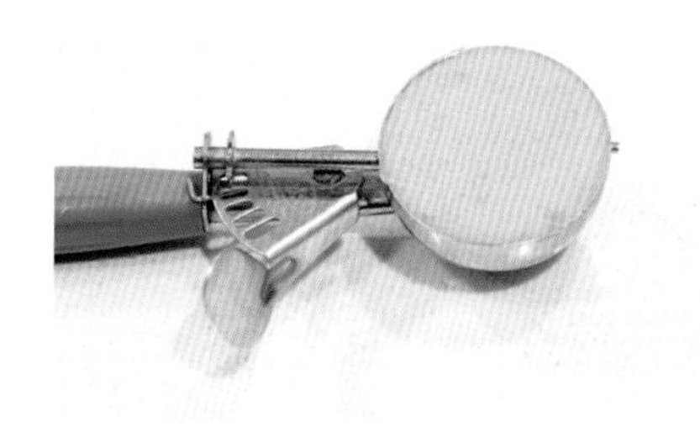

03 아이스크림 스쿱(지름 6.3cm)에 군고구마 무스를 꾹꾹 눌러 담는다.

04 정가운데 부분을 주걱으로 돌려 파낸다.

05 흑임자 샹티 크림을 채워 넣는다.

06 만든 제누아즈 위에 올린다.

07 크림 위에 설탕을 뿌린다.

08 토치로 설탕을 녹이며 구움색을 낸다.

09 녹은 설탕이 굳기 전 빠르게 깨 누가틴을 올려 마무리한다.

Part 05

쿠키슈

Millhappy Bakery

- 스트로이젤
- 파트 아 슈
- 크렘빠띠시에르
- 쿠키슈(딸기 바닐라)
- 쿠키슈(말차 유자)
- 쿠키슈(율무)

Lesson 01

Streusel
스트로이젤

스트로이젤은 달걀을 넣지 않고 작업해 쿠키슈의 바삭한 식감을 한층 더해 줘요.
팽창력에 따라 생기는 크랙이 포인트예요.

Ingredients

스트로이젤

버터 … 75g
설탕 … 68g
박력분 … 68g

*모든 재료는 실온 상태로 사용한다.

Keeping

스트로이젤: 냉동 4주

스트로이젤

01 버터를 부드럽게 푼다.

02 설탕을 넣고 섞는다.

TIP 기계를 사용할 때, 설탕이 튈 수 있으니 저속에서 시작하다가 설탕이 튀지 않을 정도로 흡수되면 고속으로 올려 마무리한다.

03 박력분을 체 쳐 넣고 날가루가 보이지 않을 정도로 매끄럽게 섞는다.

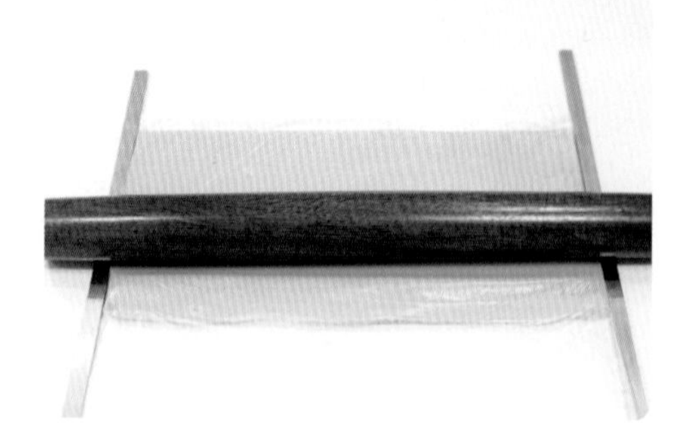

04 비닐팩에 넣어 2~3mm로 밀어 편 후 냉동에서 굳힌다.

파트 아 슈
스트로이젤
스트로이젤

Lesson 02

Pâte à Choux

파트 아 슈

프랑스어로 양배추를 뜻하는 슈는 부푼 모양의 반죽으로,
모양에 따라 에클레르, 생토노레, 파리브레스트 등 다양한 제품으로 파생되어요.

Ingredients

파트 아 슈 약 12~14개

물 … 55g
우유 … 55g
설탕 … 7g
소금 … 1g
버터 … 50g
중력분 … 70g
달걀 … 110g
바닐라 엑스트랙트 … 5g

*모든 재료는 실온 상태로 사용한다.

스트로이젤

*P.135 참고

Keeping

파트 아 슈: 냉동 4주

01 물, 우유, 설탕, 소금, 버터를 한곳에 넣어 한소끔 끓인다.

02 불에서 내려 체 친 중력분을 넣고 섞는다.

03 다시 불 위에서 반죽을 골고루 볶는다(호화한다).

TIP 수분감이 느껴지던 반죽이 보송해지고, 냄비 바닥에 반죽이 얇게 눌어붙는 정도까지 진행한다.

04 다른 볼로 반죽을 옮겨 한 김 식힌 후 (약 45도 이하) 달걀과 바닐라 엑스트랙트를 세네 번에 나눠 섞는다.

TIP 앞서 들어간 달걀의 수분감이 매끄럽게 섞인 후 그 다음 달걀을 넣는다.

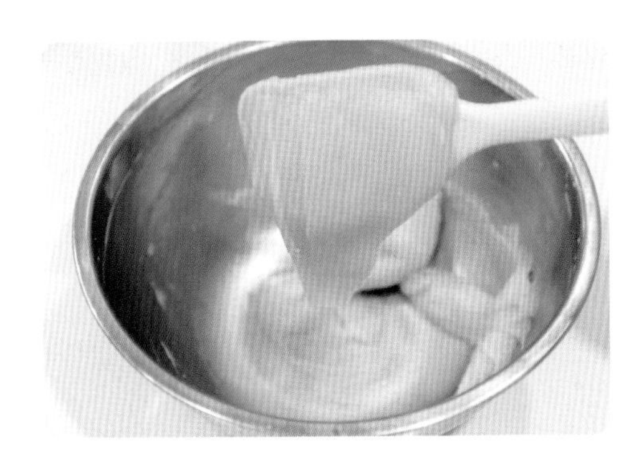

05 반죽의 최종 상태는 부드럽게 반죽이 늘어지는 정도로 완성한다.

TIP 뚝뚝 끊기는 되직한 상태, 주르르 흐르는 상태가 되지 않도록 한다.

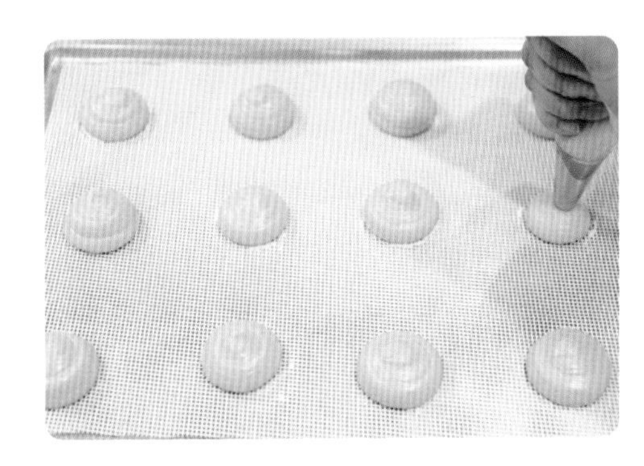

06 원형 깍지를 낀 짤주머니에 담아 지름 4.5cm 크기로 짠다.

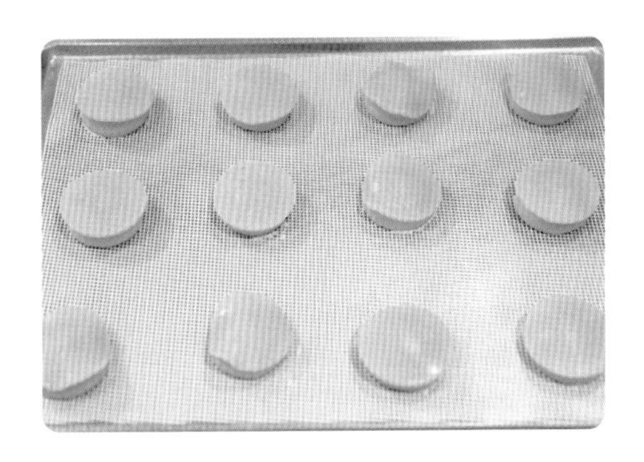

07 굳혀둔 스트로이젤을 지름 5cm로 재단한 후 슈 위에 하나씩 올려 190도 오븐에서 20분 굽고 170도 온도로 15분 더 굽는다.

Lesson 03

Crème Pâtissier
크렘빠띠시에르

우유와 설탕, 달걀, 등을 걸쭉하게 끓여 낸 커스터드 크림으로, 프랑스어로 제과사의 크림이라는 뜻으로 불릴 만큼 제과에 있어서 기본이 되는 크림 베이스 중에 하나예요.

Ingredients

크렘빠띠시에르

우유 … 230g
바닐라빈 … 1/3개
설탕A … 35g
노른자 … 46g
설탕B … 30g
전분 … 26g
버터 … 10g

*모든 재료는 실온 상태로 사용한다.

Keeping

크렘빠띠시에르: 냉장 3일

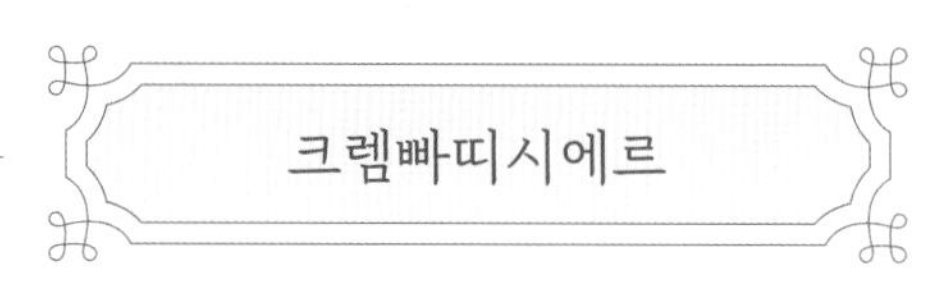

크렘빠띠시에르

01 우유, 바닐라빈, 설탕A를 넣고 한소끔 끓인다.

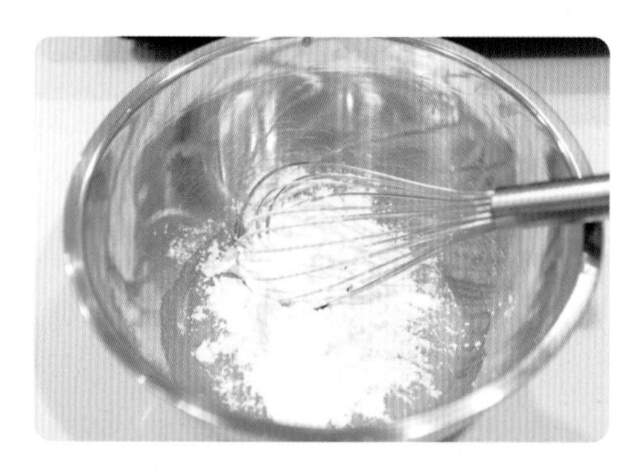

02 노른자에 설탕B와 전분을 차례대로 섞는다(살짝 뽀얗도록).

03 **1**을 두 번에 나눠 **2**에 넣어 섞은 후 다시 냄비로 체에 걸러 넣는다.

04 달라붙지 않도록 휘퍼로 힘차게 저어가며 보글보글 끓인다. 이때 제형은 걸쭉해졌다가 다시 유연하게 풀리면서 매끄럽고 윤기가 난다.

05 볼로 옮겨 버터를 넣고 유화한 후 밀착 랩핑하여 냉장에서 식힌다.

Lesson 04

Strawberry vanilla Choux

쿠키슈(딸기 바닐라)

진한 바닐라 향과 달콤한 딸기의 조화로운 맛을 볼 수 있어요.

Ingredients

바닐라 크림

크렘빠띠시에르 ··· 151g
생크림 ··· 110g
설탕 ··· 11g
딸기 ··· 적당량

스트로이젤, 파트 아 슈, 크렘빠띠시에르

*P.135 / P.139 / P.143 참고

*모든 재료는 차가운 상태로 사용한다.

Keeping

완성된 슈: 냉장 1일, 냉동 7일

바닐라 크림

01 식힌 크렘빠띠시에르를 부드럽고 매끄러운 상태로 푼다.

02 생크림, 설탕을 넣어 휘핑한다.

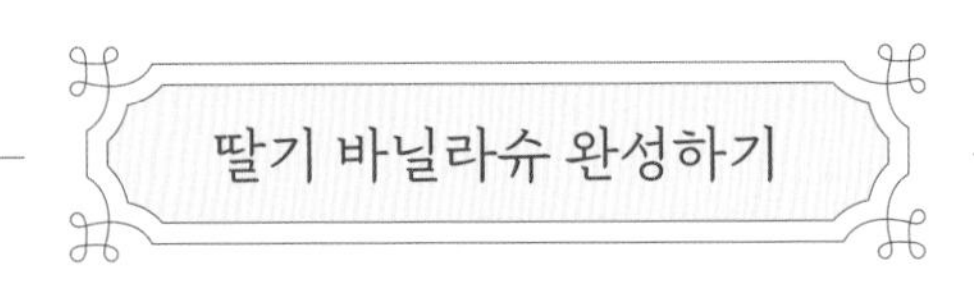

딸기 바닐라슈 완성하기

01 슈의 1/3을 재단하여 크림을 50% 채운다.

02 딸기를 넣는다.

03 크림을 마저 채운 후 깍지 모양을 살려서 마무리한다.

04 뚜껑을 덮고 데코를 완성한다.

Lesson 05

Matcha citron Choux

쿠키슈(말차 유자)

쌉싸름한 말차와 상큼한 유자의 조합으로 색다른 맛을 즐겨요.

Ingredients

유자 커스터드

달걀 … 50g
설탕 … 50g
옥수수 전분 … 7g
유자즙 … 25g
버터 … 17g

말차 크림

크렘빠띠시에르 … 151g
생크림 … 110g
설탕 … 11g
말차 파우더 … 5g

스트로이젤, 파트 아 슈, 크렘빠띠시에르

*P.135 / P.139 / P.143 참고

*유자 커스터드의 재료는 실온 상태로, 말차 크림의 재료는 차가운 상태로 사용한다.

Keeping

완성된 슈: 냉장 1일, 냉동 7일

유자 커스터드

01 달걀을 푼 후 설탕과 전분을 섞어 넣는다.

TIP 전분은 단독으로 들어가면 덩어리가 잘 풀리지 않으니 설탕과 섞어 넣는다.

02 유자즙을 넣어 중불에서 가열한다. 눌어붙지 않도록 거품기로 계속 젓는다.

03 묽은 제형이 몽글몽글 변하기 시작하면 버터를 넣고 녹인다.

04 버터가 다 녹고 바닥이 보글보글 숨 쉬는 정도까지 가열한다.

05 볼로 옮겨 밀착 랩핑하여 식힌다.

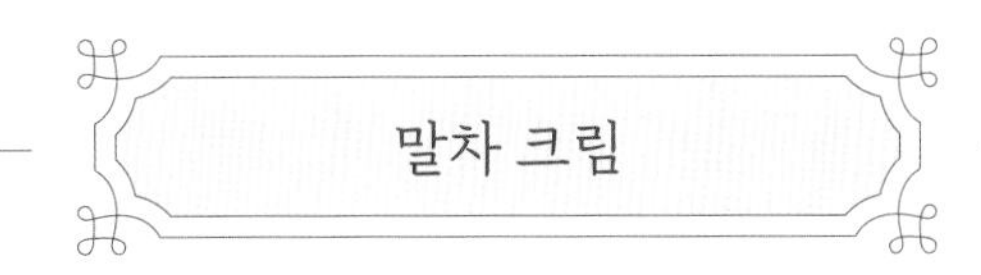

말차 크림

01 식힌 크렘빠띠시에르를 부드럽고 매끄러운 상태로 푼다.

02 말차파우더를 먼저 넣어 섞은 후 생크림과 설탕을 넣어 휘핑한다.

말차 유자슈 완성하기

01 슈의 1/3을 재단하여 크림을 80% 채운다.

02 유자 커스터드 크림을 채워 넣는다.

03 다시 말차 크림으로 깍지 모양을 살려서 마무리한다.

04 뚜껑을 덮어 데코하고 완성한다.

Lesson 06

Job's Tears Choux

쿠키슈(율무)

고소한 율무차를 활용한 크림으로 고소함에 달달함을 더했어요.

Ingredients

율무 크림

생크림A … 85g
율무차 … 30g
화이트초콜릿 … 42g
판젤라틴 … 0.5g
생크림B … 90g

스트로이젤, 파트 아 슈

* P.135 / P.139 참고

*생크림 B는 차갑게, 이 외의 재료는 실온 상태로 사용한다.

Keeping

완성된 슈: 냉장 1일, 냉동 7일

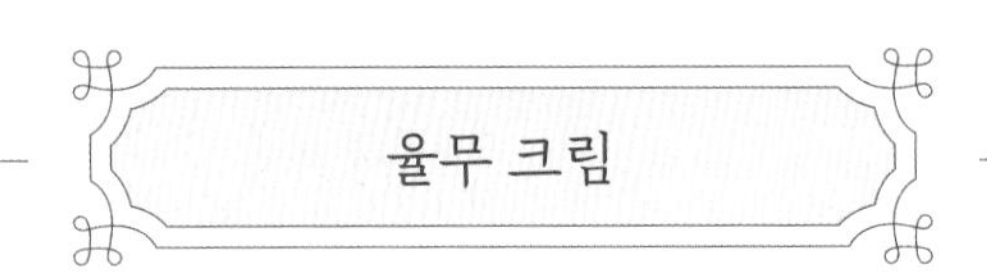

율무 크림

01 생크림A에 화이트초콜릿, 율무차를 넣고 데워서 섞은 후 불린 젤라틴을 넣어 유화한다. 40~50도 사이로 데워 젤라틴의 유화를 원활하게 한다.

02 35도 이하로 식힌 후 생크림B를 넣고 휘핑한다.

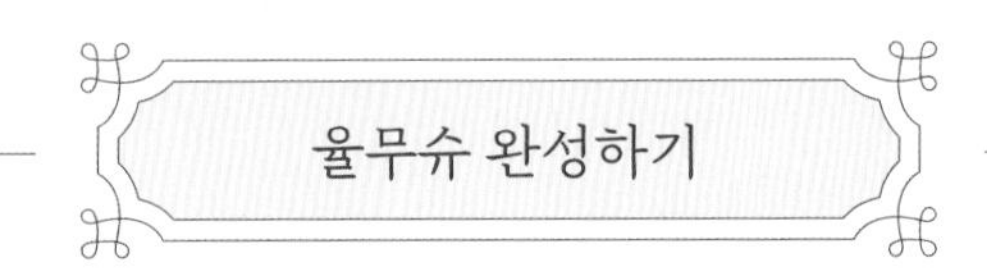

율무슈 완성하기

01 슈의 1/3을 재단하여 크림을 채워 넣는다.

02 깍지의 모양을 살려서 마무리한다.

03 뚜껑을 덮고 데코하여 완성한다.

Part 06

타르트

Millhappy Bakery

Lesson 01

Pâte à Sablée
파트 아 사블레

파이나 타르트 등 바닥에 깔아주는 시트를 뜻하는 제품으로,
모래처럼 부서지기 쉬운 식감이에요.
파트 아 사블레는 타르트 만들 때, 타르트 쉘로 사용합니다.

Ingredients

파트 아 사블레 약 8~10개

중력분 … 280g
아몬드 파우더 … 30g
소금 … 2g
슈거 파우더 … 102g
버터 … 175g
달걀 … 150g
바닐라 엑스트랙트 … 3g

달걀물

달걀 … 50g
생크림 … 16g

*모든 재료는 실온 상태로 사용한다.

Keeping

냉장 2주 냉동 3주

파트 아 사블레

01 체 친 가루류(중력분, 아몬드 파우더, 소금, 슈거 파우더)와 버터를 푸드 프로세서에 넣어 버터가 콩알 크기가 되도록 다진다.

02 달걀과 바닐라 엑스트랙트를 조금씩 넣어 고슬고슬하게 섞는다.

03 볼에서 꺼내 손꿈치로 밀어 편다.

TIP 손의 온도로 반죽이 질어질 수 있으니, 손바닥과 손목의 경계 부분을 사용한다.

04 매끄럽게 섞인 반죽을 비닐팩에 넣고 3mm 두께로 밀어 편다.

05 길이 21cm, 폭 3cm로 반죽 옆면을 재단하고, 지름 6.5cm로 바닥 반죽을 재단한다.

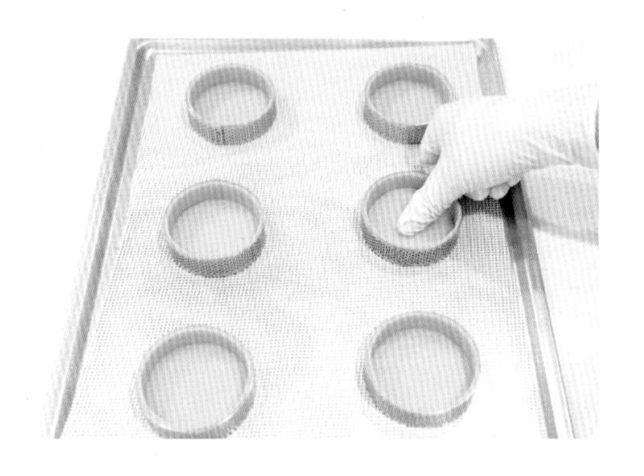

06 지름 7cm 타공 타르트틀에 성형하여 예열한 160도 오븐에서 15분간 굽는다.

07 틀에서 분리한 후 달걀물을 얇게 바르고 다시 5분간 추가로 굽는다.

TIP 파트 아 사블레는 타르트 만들 때, 타르트 쉘로 사용된다.

Lesson 02

Mint citrus Tart
민트 유자 타르트

상큼한 유자에 시원한 청량감을 더해 주는 민트의 만남으로
무더운 여름날 입맛을 확 사로잡을 수 있어요.

Ingredients

머랭디스트
달걀 흰자 … 35g
슈거 파우더A … 30g
슈거 파우더B … 37g
옥수수 전분 … 4g

데코스노우 … 적당량

민트 유자 커스터드 크림 3개
달걀 … 60g
설탕 … 53g
옥수수 전분 … 8g
애플민트 … 6g
유자즙 … 18g
버터 … 18g

파트 아 사블레(타르트 쉘)
*P.163 참고

*흰자는 차가운 상태로, 나머지 재료는 실온 상태로 사용한다.

Keeping

머랭디스트: 실온 2주
민트 유자 커스터드 크림: 냉장 3~5일
완성된 타르트: 냉장 2~3일

머랭디스트

01 달걀 흰자에 슈거 파우더A를 나눠 넣으며 머랭을 올린다.

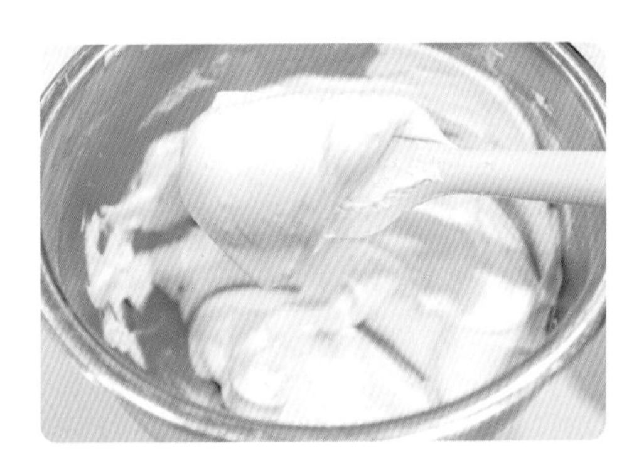

02 체 친 슈거 파우더B와 전분을 머랭에 넣고 섞는다. 머랭의 거품이 죽지 않도록 가볍게 섞는다.

03 팬에 얇게 펼쳐 데코스노우를 뿌리고 예열한 90도 오븐에 90분간 굽는다.

민트 유자 커스터드 크림

01 설탕과 전분, 애플민트를 함께 갈아서 준비한다.

02 달걀에 **1**을 넣어 섞는다.

03 유자즙을 넣어 섞은 후 중불에서 가열한다. 이때 바닥이 눌어붙지 않도록 천천히 저어 준다. 50~60도가 되면 민트잎을 체에 한번 거른다.

04 걸러진 것을 다시 냄비에 넣어 중불을 유지한다. 몽글몽글 농도 있는 제형으로 변해가면 빠르게 저으면서 버터를 넣는다. 버터가 다 녹고 바닥이 보글보글 숨 쉬는 정도까지 가열한다.

05 완성된 크림은 볼로 옮겨 밀착 랩핑하여 냉장에서 식힌다.

완성하기

01 초벌한 타르트 쉘에 민트 유자 커스터드 크림을 넣는다.

02 스패출러로 평평하게 편다.

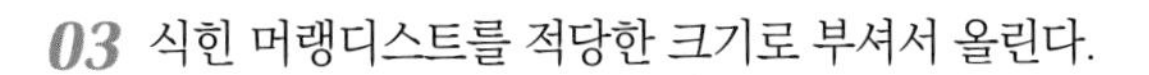

03 식힌 머랭디스트를 적당한 크기로 부셔서 올린다.

Lesson 03

Raspberry malcha Tart

라즈베리 말차 타르트

쌉싸름하고 향긋한 말차 브라우니에 달달한 라즈베리 잼이 더해져
산뜻하게 즐기기 좋은 타르트

Ingredients

말차 브라우니 7개

화이트초콜릿 … 75g
설탕 … 27g
버터 … 27g
생크림 … 40g
달걀 노른자 … 18g
말차 파우더 … 6g
달걀 흰자 … 18g

베리샹티

생크림 … 120g
라즈베리 잼 … 15g
디종 후람보아즈 … 3g

파트 아 사블레(타르트 쉘)

* P.163 참고

라즈베리 잼

* P.17 믹스베리 잼 참고

* 말차 브라우니의 재료는 실온 상태로, 베리샹티의 재료는 차가운 상태로 사용한다.

Keeping

라즈베리 잼: 냉장 2주

완성된 타르트: 냉장 2~3일

말차 브라우니

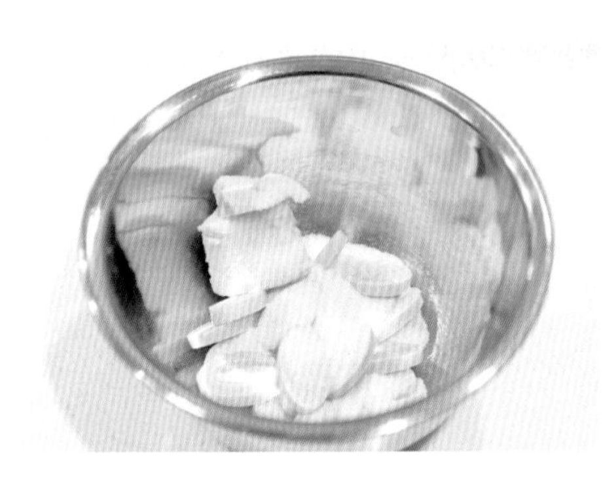

01 화이트초콜릿, 설탕, 버터를 함께 넣어 중탕으로 녹인다.

02 흰자는 따로 머랭을 올려 준비한다.

03 생크림, 노른자, 말차 파우더를 섞는다.

04 1에 3을 섞은 후 머랭을 두 번에 나누어 넣고 머랭이 꺼지지 않도록 가볍게 섞는다.

05 초벌된 타르트 쉘에 30g씩 넣는다.

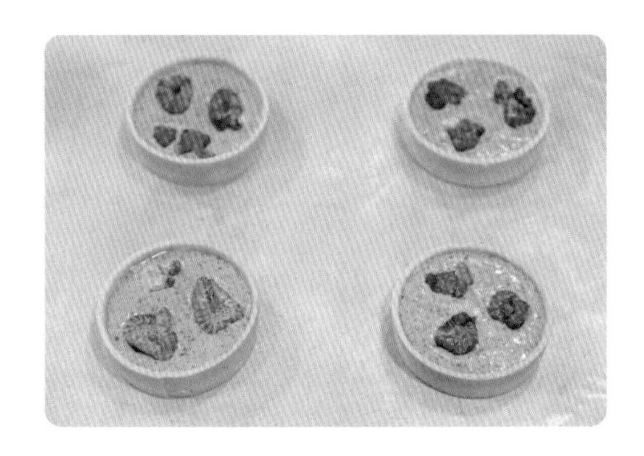

06 라즈베리를 3개씩 얹고 예열해 둔 140도 오븐에 23~25분간 굽는다

07 구워져 나오면 식힌 후 라즈베리 잼을 얇게 도포한다.

베리샹티

01 모든 재료를 함께 넣어 휘핑한다.

완성하기

01 잼까지 올린 타르트 쉘에 원형 깍지를 사용하여 크림을 파이핑한다.
말차 파우더를 살짝 뿌린 후 라즈베리와 식용 금으로 장식하여 마무리한다.

Lesson 04

Strawberry vanilla Tart

딸기 바닐라 타르트

달달한 딸기에 상큼함을 더한 라즈베리와
이 둘을 잔잔하게 받쳐 주는 바닐라로 깔끔하게 마무리되는 타르트

Ingredients

바닐라 크림

화이트초콜릿 … 40g
생크림 … 110g
바닐라빈 … 1/3개
판젤라틴 … 2g

베리 젤리

라즈베리 퓌레 … 150g
레몬즙 … 7g
설탕 … 70g
판젤라틴 … 6g

딸기 … 적당량

아몬드 크림, 파트 아 사블레(타르트 쉘)

* P.18 / p.163 참고

*모든 재료는 실온 상태로 사용한다.

Keeping

베리 젤리: 냉동 2주

완성된 타르트: 냉장 1~2일

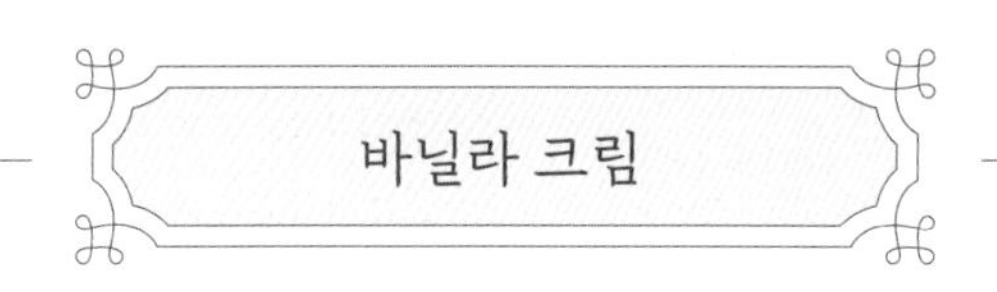

바닐라 크림

01 화이트초콜릿, 생크림, 바닐라빈을 데워서 섞은 후 불린 젤라틴을 넣어 유화한다.

02 냉장으로 하루 숙성 시킨 후 휘핑한다.

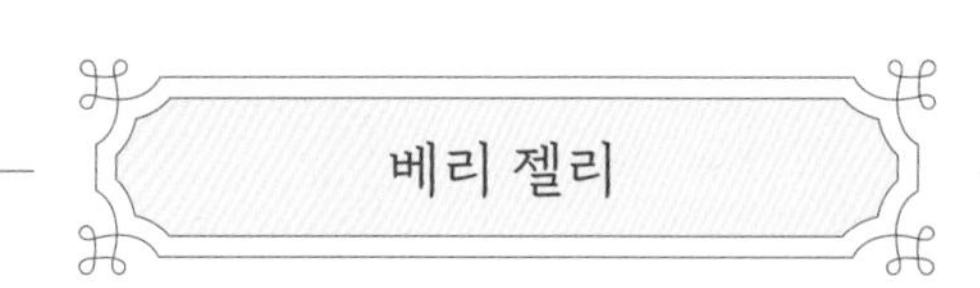

베리 젤리

01 라즈베리 퓌레에 설탕을 넣어 녹도록 데운다.

02 젤라틴을 넣어 가볍게 가열한 후 불에서 내려 레몬즙을 넣어 섞는다.

03 15×12cm 판에 펼쳐 냉동 3시간 이상 굳힌다.

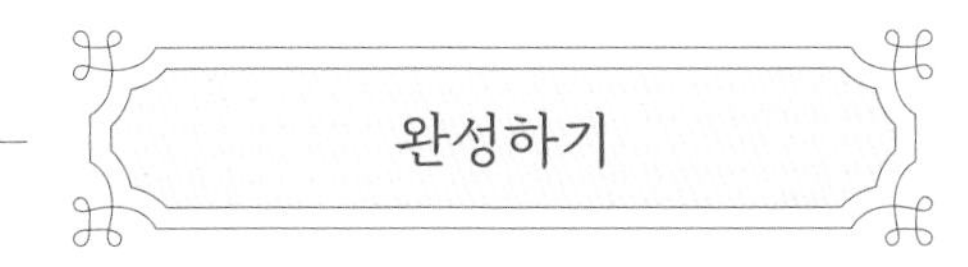

완성하기

01 초벌한 타르트 쉘에 아몬드 크림 25g을 넣은 후 딸기 2조각을 넣어 예열해 둔 165도 오븐에서 18분간 굽는다.

02 식힌 타르트에 지름 6cm로 재단한 베리 젤리를 올린다.

03 바닐라 크림을 짠 후 딸기를 올려 마무리한다.

Part 07

시즌 케이크

Millhappy Bakery

- 봄날의 케이크
- 여름날의 케이크
- 가을날의 케이크
- 겨울날의 케이크
- 레어 치즈 케이크
- 후르츠 치즈 케이크

Lesson 01

A spring day Cake

봄날의 케이크

새콤달콤한 금귤을 메인으로 담백한 요거트 치즈 크림과
사르르 녹는 제누아즈를 함께 즐길 수 있는 케이크

Ingredients

화이트롤 5개

우유 … 53g
오일 … 23g
바닐라 엑스트랙트 … 3g
박력분 … 55g
달걀 흰자 … 202g
설탕 … 68g
금귤 … 4개

금귤 꿀리

금귤 … 75g
오렌지 퓌레 … 120g
설탕 … 15g
전분 … 7g
젤라틴매스 … 6g

요거트 치즈 크림

마스카포네 … 130g
요거트 … 90g
설탕 … 15g
연유 … 40g
생크림 … 210g

*흰자와 생크림은 차가운 상태로, 이외의 재료는 실온 상태로 사용한다.

Keeping

화이트롤: 실온 2일, 냉동 5일

금귤 꿀리: 냉동 2주

케이크: 냉장 3일

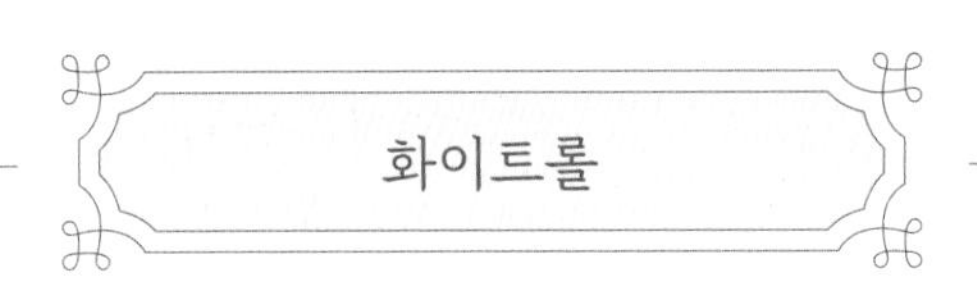

화이트롤

01 우유와 오일, 바닐라 엑스트랙트를 섞어 준비한다.

02 **1**에 가루를 체 쳐 넣어 섞는다.

03 흰자에 설탕을 나눠 넣으며 머랭을 올린 후 **2**에 2~3번 나눠 가볍게 섞는다.

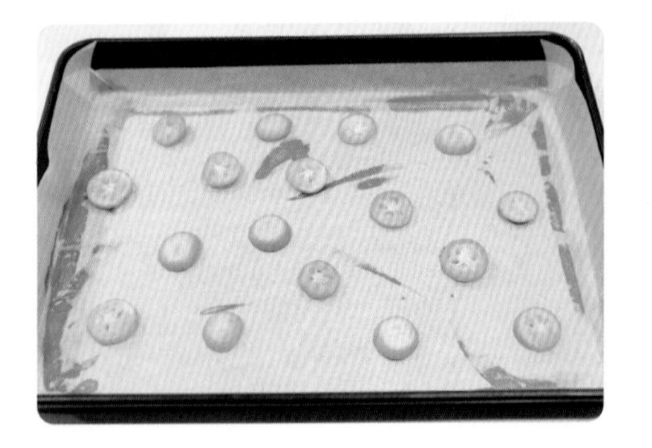

04 1/2 빵팬에 슬라이스하여 씨를 제거한 금귤을 올린다.

05 준비한 반죽을 평평히 펼쳐 예열해 둔 150도 오븐에서 20분간 굽는다.

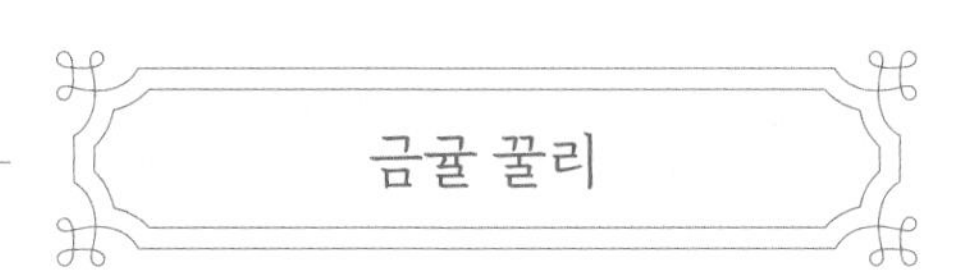

금귤 꿀리

01 슬라이스하여 씨를 제거한 금귤과 오렌지 퓌레를 냄비에 넣어 핸드블렌더로 간다.

02 45도까지 가열한다.

03 설탕과 전분을 섞은 후 냄비에 넣는다.

04 중불에서 계속 가열하며 제형의 농도가 생기고 바닥이 보글보글 숨 쉴 때까지 작업한다.

05 불을 끄고 젤라틴매스를 넣어 유화한다.

06 18.5×13.5×2cm 바트에 펼쳐 냉동 3시간 이상 굳힌다.

TIP 젤라틴매스는 판젤라틴 1g으로 대체 가능하다.

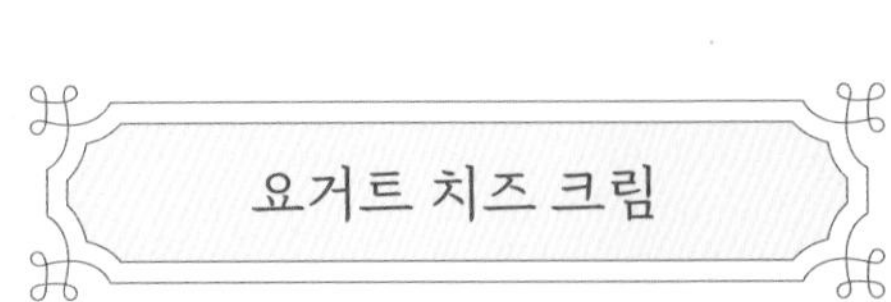

요거트 치즈 크림

01 마스카포네와 요거트를 부드럽게 섞는다.

02 설탕과 연유를 넣고 섞는다.

03 생크림은 80~90% 정도 휘핑한다.

04 휘핑한 생크림을 **2**에 나눠 넣어 가볍게 섞는다.

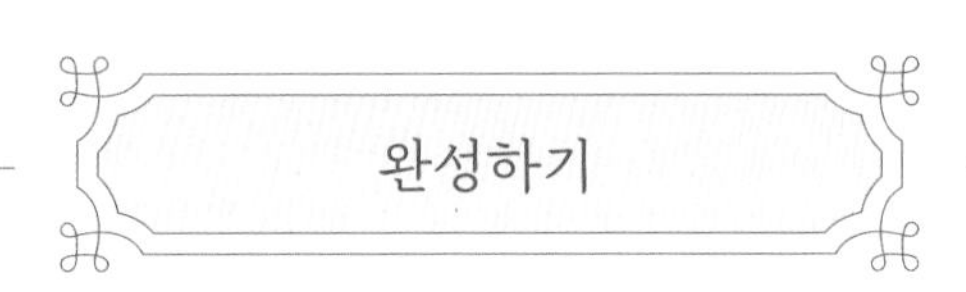

완성하기

01 구운 화이트롤을 길이 23cm, 폭 5cm로 재단하여 무스링(지름 7cm) 안에 넣어 옆면을 두른다. 바닥은 지름 4.5cm로 재단하여 채워 넣는다.

02 굳은 금귤 꿀리는 지름 4.5cm로 재단하여 준비한다.

03 1차 크림을 25g 팬닝한다.

04 재단한 꿀리를 넣어 살며시 눌러 준다.

05 그 위에 다시 크림을 꽉 채워 덮는다(대략 30g).

06 미니 스패츌러를 활용해 윗면을 평평히 정리한 후 냉장에서 1시간 이상 굳힌다.

07 틀에서 분리한 후 윗면 테두리에 크림을 파이핑한다(510 벚꽃깍지).

08 슬라이스하여 씨를 제거한 금귤을 가운데 올려 마무리한다.

Lesson 02

A summer day Cake

여름날의 케이크

싱그러움 가득한 햇살을 머금은 듯한 케이크로, 말차, 청사과, 라임의 조화로움을 느낄 수 있어요.

Ingredients

제누아즈 1호

달걀 … 110g
바닐라 엑스트랙트 … 3g
설탕 … 85g
꿀 … 5g
박력분 … 75g
말차 파우더 … 7g
버터 … 20g
우유 … 30g

시럽

설탕 … 25g
물 … 35g
디종 뽐므 … 3g

청사과 꿀리

청사과 퓌레 … 90g
사과주스 … 30g
모닌 사과 … 15g
물엿 … 12g
설탕 … 5g
젤라틴매스 … 14g

청사과 라임 크림

화이트초콜릿 … 120g
생크림A … 155g
젤라틴매스 … 15g
바닐라빈 … 1/4개
라임 제스트 … 1/2개
생크림B … 230g
설탕 … 15g
모닌 사과 … 20g
모닌 민트 … 2g

*생크림B는 차가운 상태로, 이외의 모든 재료는 실온 상태로 사용한다.

Keeping

제누아즈: 실온 3일, 냉동 2주

청사과 꿀리: 냉동 2주

시럽: 냉장 7일

완성된 케이크: 냉장 3~4일

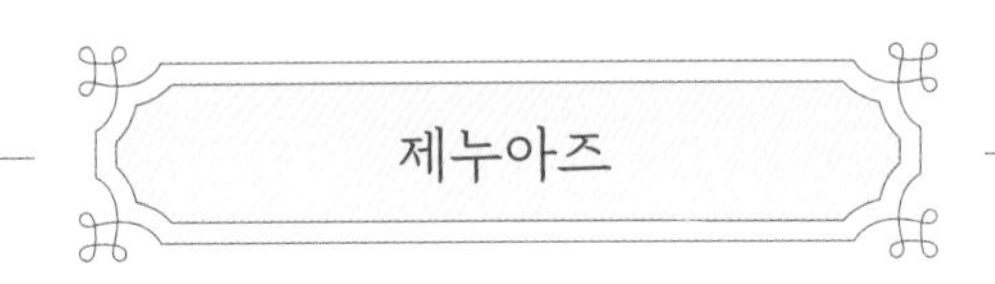

제누아즈

01 버터와 우유를 중탕하여 준비한다(60~70도).

02 달걀을 섞는다.

03 설탕과 꿀을 넣고 중탕하며 휘핑한다. 38~45도가 되면 중탕볼 밖으로 내린다.

TIP 제누아즈는 팽창제가 들어가지 않기 때문에 여기서 포집된 공기로만 부피 팽창이 일어난다. 따라서 이 공기를 좀 더 단단하게 포집하기 위해서 중탕하며 작업한다. 반죽이 뽀얗고 핸드 믹서로 반죽을 들어 올려 리본을 그렸을 때 바로 퍼지지 않고 모양이 남아 있을 정도로 작업한다.

04 리본 모양이 남을 정도로 제형이 올라오면 저속으로 휘핑해 기포를 정리한다.

TIP 위에서 중고속으로 작업하며 불규칙하고 거칠게 형성된 기포를 작고 단단한, 규칙적인 구조로 만든다. 윗면이 터지지 않게 하며, 위아래 식감을 동일하게 형성한다. 이 작업을 하지 않는다면 무거운 기포는 아래로 가라앉고, 가벼운 기포는 위로 떠오르기 때문에 위아래 무게 차이에 따라 식감도 다르게 느껴진다.

05 체 친 가루를 두 번에 나누어 넣고 가볍게 퍼 올리듯이 섞는다.

TIP 반죽에 비해 가루가 무거워 자꾸 가라앉기 때문에 퍼 올리는 듯한 동작으로 공기가 많이 꺼지지 않도록 가볍게 섞는다.

06 1에 반죽을 조금 덜어내어 섞는다.

TIP 액상 상태로 본 반죽에 들어가면 무거워서 가라앉는다. 이걸 섞다가 공기가 많이 깨질 수 있기 때문에 본 반죽의 일부를 섞어 반죽과 비슷한 제형으로 만든 후 본 반죽과 섞는다. 이때 섞이는 반죽의 기포는 깨져버리기 때문에 이를 희생 반죽 혹은 죽은 반죽이라 일컫는다.

07 매끄럽게 섞인 반죽을 다시 5에 넣고 가볍게 퍼 올리듯이 섞는다.

08 정사각 1호틀에 팬닝 후 예열해 둔 오븐에 넣고 160도 온도에서 15분, 155도에서 10분 굽는다.

청사과 꿀리

01 청사과 퓌레, 사과주스, 모닌 사과, 물엿, 설탕을 냄비에 넣어 40~45도까지 약불로 올린다.

02 불에서 내려 젤라틴매스를 넣어 유화한다.

TIP 젤라틴매스는 판젤라틴 2.3g으로 대체 가능하다.

03 바닥이 새지 않게 랩핑한 정사각 1호 무스링에 넣어 냉동 1시간 이상 굳힌다.

청사과 라임 크림

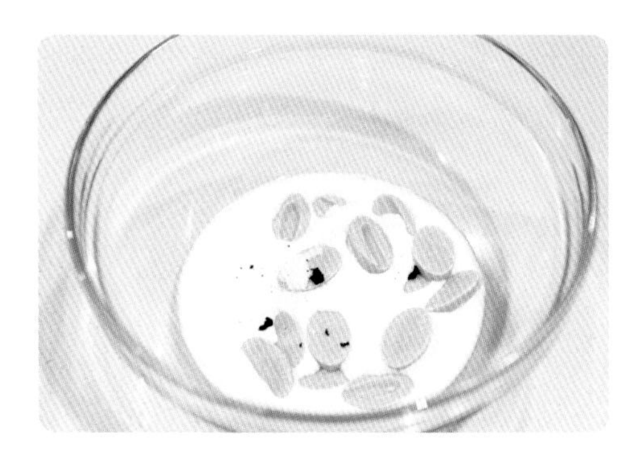

01 화이트초콜릿과 바닐라빈, 생크림A를 데워 유화한다.

02 젤라틴매스를 넣어 유화한 후 냉장에서 2시간 이상 굳히고 다시 꺼내어 부드럽게 푼다.

TIP 젤라틴매스는 판젤라틴 2.5g으로 대체 가능하다.

03 라임 제스트, 생크림B, 모닌 사과, 모닌 민트를 넣어 휘핑한다.

시럽

01 설탕과 물을 102도까지 가열한 후 식으면 디종 뽐므를 넣는다.

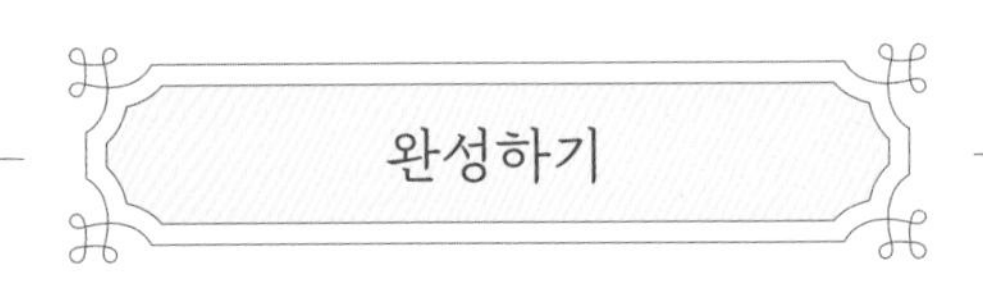

완성하기

01 구운 제누아즈를 1cm 두께로 3장 슬라이스한다.

02 1호 무스링에 맞춰 테두리를 재단한다.

03 3장 모두 시럽을 바른다.

04 무스링 안에 첫 번째 제누아즈를 넣고 그 위에 크림 110g을 올린다.

05 그 위에 굳힌 꿀리를 올린다.

06 다시 크림 110g을 올리고 제누아즈 → 크림 110g → 제누아즈 → 크림 130g을 올린다.

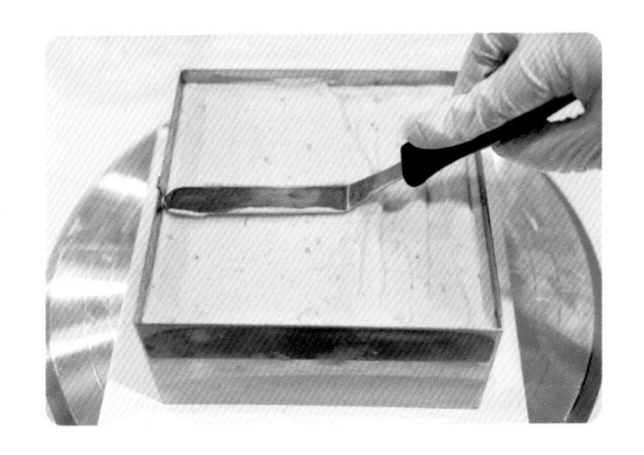

07 가장 윗면의 크림은 미니 스패츌러를 이용해 자국이 남지 않도록 평평히 아이싱한다.

08 냉동에서 1시간 이상 굳힌 후 테두리를 0.5~1cm 정도 자른다. 이후 3등분하여 데코를 마무리한다.

Lesson 03

An autumn day Cake

가을날의 케이크

담백하게 달달한 단호박에 가을 밤이 더해진 케이크로
부드럽고 자극적이지 않은 맛이 포인트예요.

Ingredients

제누아즈

달걀 노른자 … 85g
설탕A … 50g
달걀 흰자 … 175g
설탕B … 70g
버터 … 50g
우유 … 50g
박력분 … 90g
베이킹파우더 … 2g

단호박 크림

생크림 … 220g
설탕 … 35g
단호박 … 90g

밤 크림

밤 페이스트 … 175g
버터 … 80g
생크림 … 100g

피칸 … 10g
밤 … 10g
시나몬 파우더
단호박
호박씨

*단호박 크림의 생크림과 제누아즈의 흰자는 차가운 상태로,
이외의 재료는 실온 상태로 사용한다.

Keeping

제누아즈: 실온 2일 냉동 7일
케이크: 냉장 3~4일

제누아즈

01 버터와 우유를 녹여서 준비한다(50도 내외).

02 노른자와 설탕A를 30~35도로 중탕하며 뽀얗게 휘핑한다.

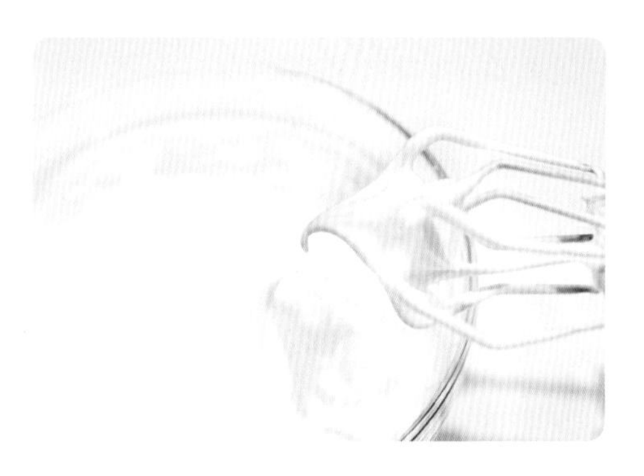

03 흰자에 설탕B를 세 번 나눠 넣으며 머랭을 올린다.

04 2에 머랭 1/2을 먼저 넣어 섞는다.

05 박력분과 베이킹파우더를 체 쳐 넣어 가볍게 퍼 올리듯이 섞는다.

06 50도 내외로 준비한 **1**에 반죽의 일부를 섞는다.

07 **6**을 본 반죽에 다시 넣어 섞는다.

08 남은 머랭을 전부 넣어 볼륨이 죽지 않도록 가볍게 섞는다.

09 1/2 빵팬에 넣어 평평하게 펼쳐 예열해 둔 170도 오븐에서 25분간 굽는다.

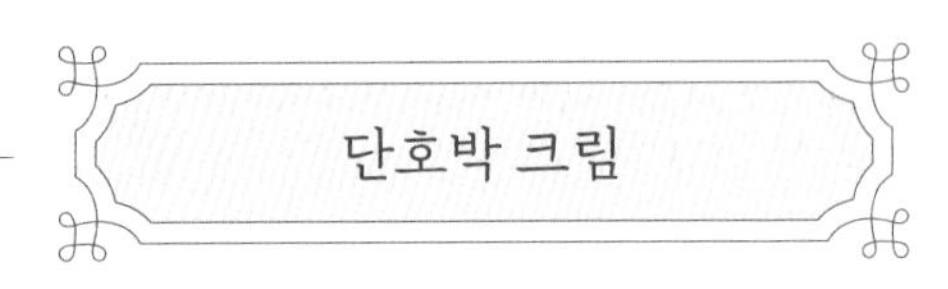

단호박 크림

01 찐 단호박을 체에 곱게 내린다.

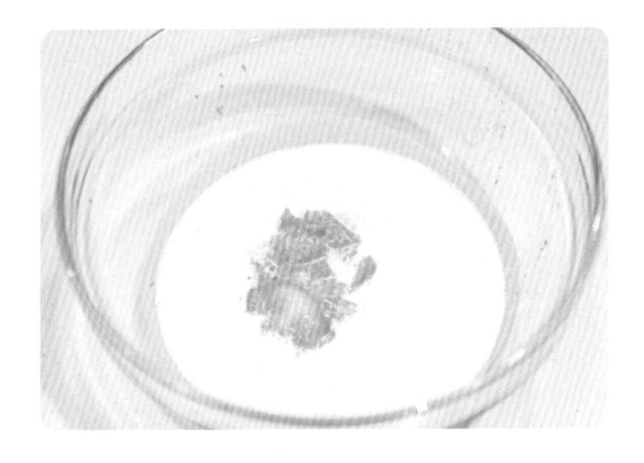

02 생크림, 설탕, 단호박을 함께 휘핑한다.

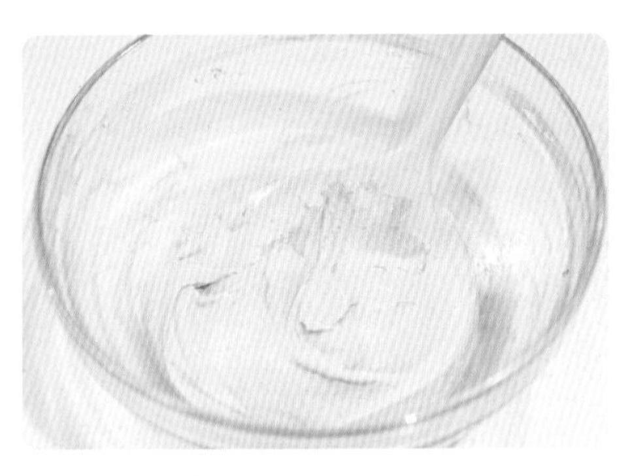

밤 크림

01 밤 페이스트와 버터를 함께 부드럽게 푼다.

02 페이스트가 곱게 풀릴 수 있도록 핸드블렌더로 한 번 더 유화한다.

03 생크림을 넣고 섞는다.

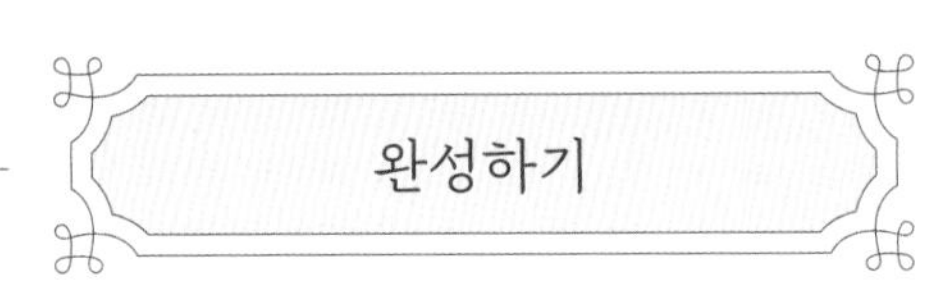

완성하기

01 4등분 한 제누아즈에 밤 크림을 아이싱하고 그 위에 다진 피칸과 밤을 올린다.

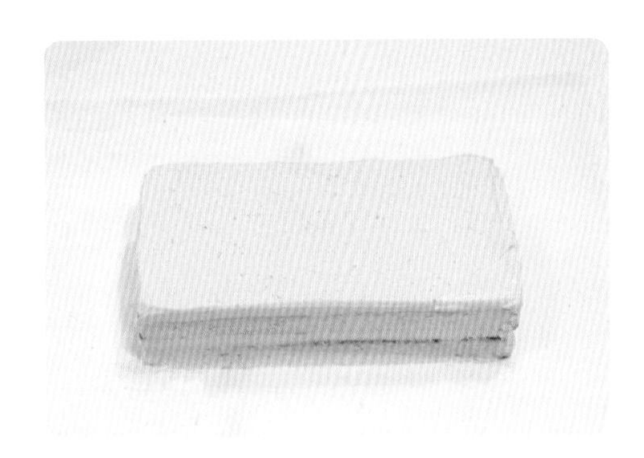

02 제누아즈를 올리고 단호박 크림을 아이싱한다.

03 다시 **1**의 과정을 반복한 후 위에 제누아즈를 올린다.

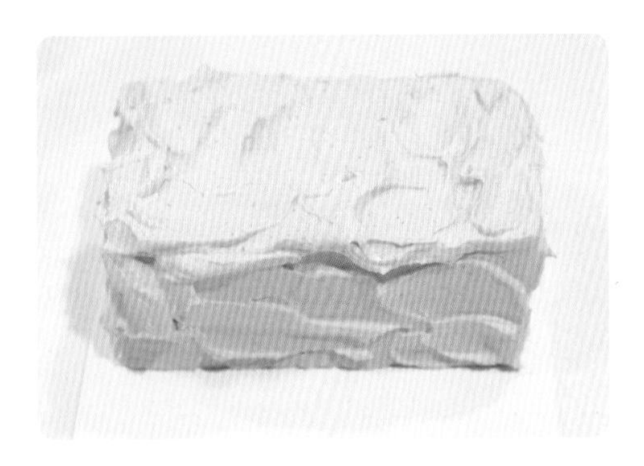

04 겉면에 전체적으로 단호박 크림을 터치감이 느껴지도록 아이싱한다.

05 시나몬 파우더, 단호박, 호박씨를 활용하여 데코로 마무리한다.

Lesson 04

A winter days Cake

겨울날의 케이크

바닐라 아이스크림을 먹은 것처럼 부드러운 식감과 맛,
그 사이로 올라오는 딸기의 달콤함을 즐기기 좋은 케이크예요.

Ingredients

플레인 비스퀴 6개

달걀 흰자 … 105g
아몬드 파우더 … 95g
슈거 파우더 … 60g
설탕 … 75g
박력분 … 10g
데코스노우 … 적당량

몽떼 크림

화이트초콜릿 … 70g
젤라틴매스 … 12g
생크림A … 110g
바닐라빈 … 1/3g
생크림B … 150g
설탕 … 15g

글레이즈

화이트초콜릿 … 70g
이산화티타늄 … 소량
(하얀색 색소로
대체 가능 또는 생략 가능)
카놀라유 … 20g
코코넛분말 … 소량

믹스베리 잼

*P.17 참고

*비스퀴의 흰자, 몽떼 크림의 생크림 B는 차가운 상태로,
그 이외의 재료는 실온 상태로 사용한다.

Keeping

비스퀴: 실온 1일 냉동 5일

케이크: 냉장 2일

글레이즈: 실온/냉장 2주

플레인 비스퀴

01 아몬드 파우더, 슈거 파우더, 박력분을 체 쳐서 준비한다.

02 달걀 흰자에 설탕을 3번 나눠 넣으며 중속에서 머랭을 올린다.

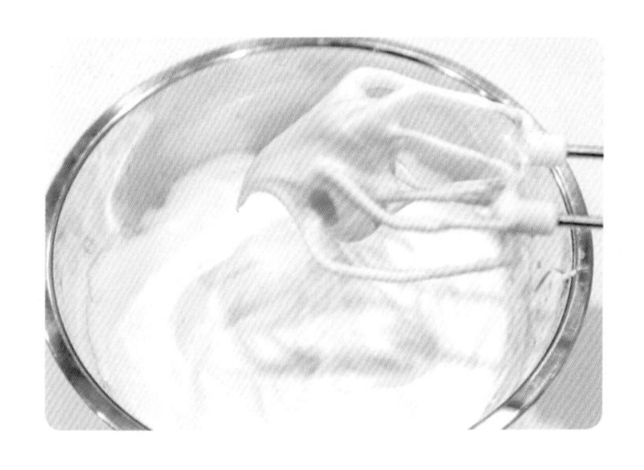

03 80~90% 정도 올라오면 중저속으로 내려서 머랭을 조밀하고 단단하게 올린다.

04 체 친 가루를 두 번에 나누어 넣어 머랭이 죽지 않도록 가볍게 퍼 올리듯이 섞는다.

05 짤주머니에 넣고 지름 7cm 타공 타르트틀에 파이핑한다.

06 스패출러로 평평하게 정리한다.

07 데코스노우를 두 번 뿌린 후 예열된 오븐에 165도로 17분간 굽는다.

몽떼 크림

01 데운 생크림A에 바닐라빈과 초콜릿, 젤라틴매스를 넣고 유화한 후 냉장으로 4시간 이상 굳힌다.

TIP 젤라틴매스는 판젤라틴 2g으로 대체 가능하다.

02 굳혀서 준비한 **1**을 먼저 부드럽게 푼다.

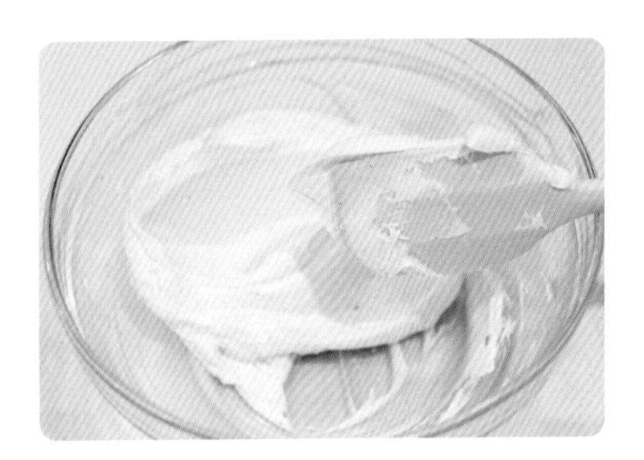

03 생크림B와 설탕을 넣고 휘핑한다.

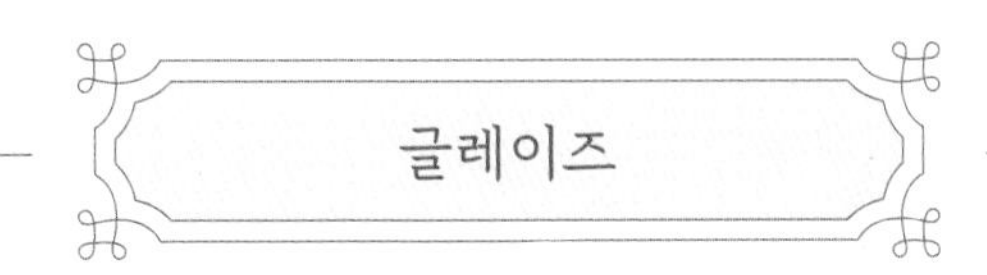

글레이즈

01 녹인 화이트초콜릿에 이산화티타늄과 카놀라유를 넣고 핸드블렌더로 유화한다.

TIP 이산화티타늄은 하얀 색소로 사용되므로, 생략도 가능하다.

02 식힌 비스퀴 옆면에 바른다.

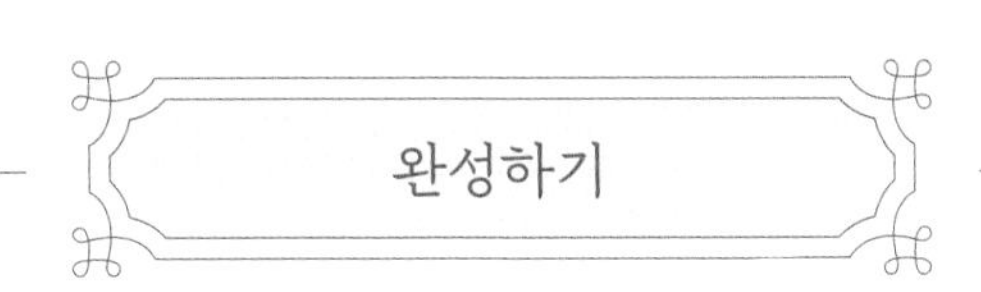

완성하기

01 글레이즈를 바르고 굳힌 비스퀴 위에 몽떼 크림을 살짝 짜서 올린다.

02 그 위에 믹스베리 잼과 딸기를 올린다.

03 몽블랑 깍지를 사용하여 딸기를 중심으로 크림을 한 바퀴 두른다.

04 그 위에 또 한 바퀴 더 크림을 둘러 비스퀴 지름을 채우도록 마무리한다.

Lesson 05

Rare cheesecake

레어 치즈 케이크

부드럽고 진한 치즈의 맛 사이로 톡 올라오는 체리의 달콤함과
바삭한 크런키의 식감이 매력적인 케이크예요.

Ingredients

레어 치즈 필링 6개

크림치즈 … 220g
바닐라빈 … 1/3개
설탕 … 60g
연유 … 30g
요거트 … 50g
생크림A … 30g
판젤라틴 … 4g
생크림B … 75g
디종 키르쉬 … 3g
레몬즙 … 5g

크런키

파에테포요틴 … 55g
라즈베리 크리스피 … 10g
화이트초콜릿 … 90g

샹티 크림

생크림 … 100g
설탕 … 10g

체리 젤리

체리 퓌레 … 150g
레몬즙 … 7g
설탕 … 70g
판젤라틴 … 6g

체리 … 적당량

*샹티 크림은 차가운 상태로, 그 이외 재료는 실온 상태로 사용한다.

Keeping

크런키: 실온 3일
체리 젤리: 냉동 7일
케이크: 냉장 3일

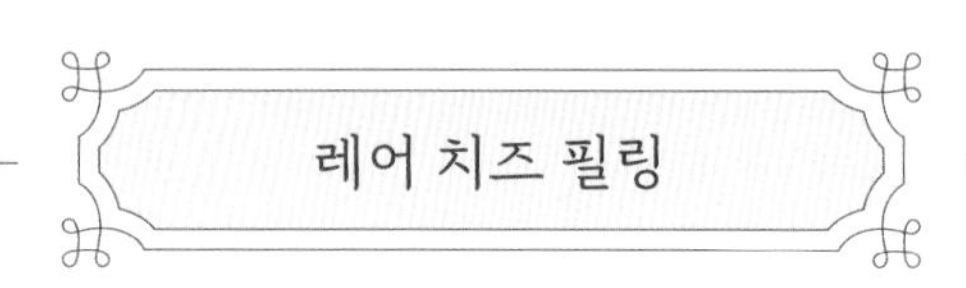

레어 치즈 필링

01 크림치즈와 바닐라빈을 먼저 부드럽게 푼다. 치즈 덩어리가 남아 있지 않도록 잘 풀어낸다.

02 설탕을 넣고 섞는다.

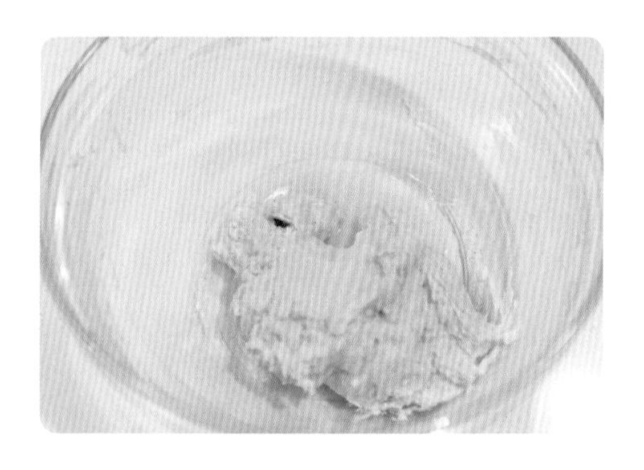

03 연유를 넣고 섞는다.

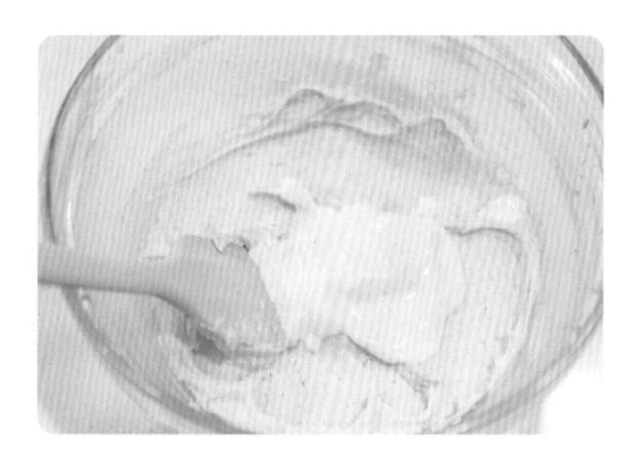

04 요거트를 넣고 섞는다.

05 45도 내외로 데운 생크림A에 불린 젤라틴을 넣고 유화한다.

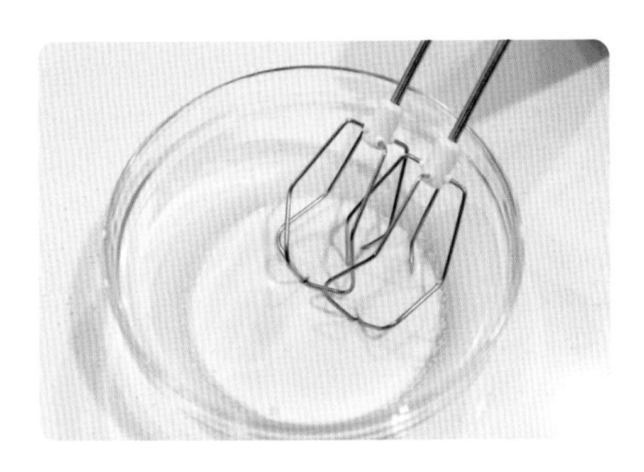

06 생크림B에 디종 키르쉬를 넣고 80% 휘핑한다.

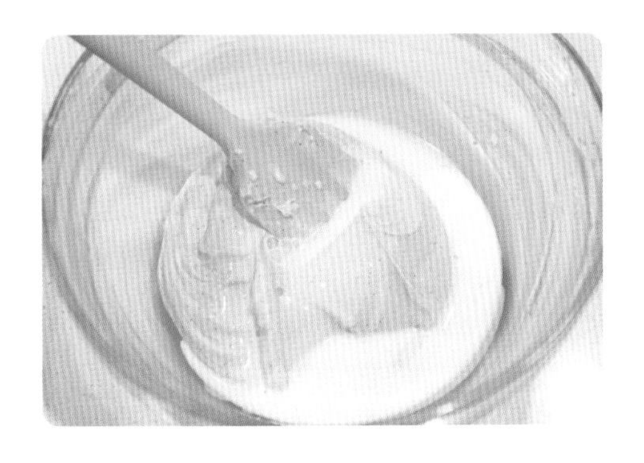

07 4에 5를 넣고 섞는다.

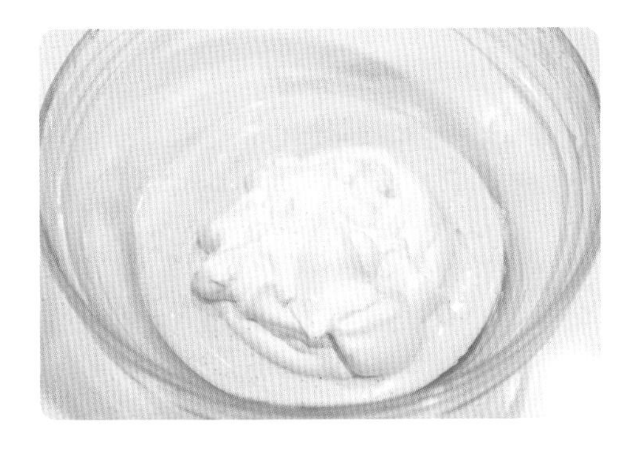

08 휘핑해서 준비한 생크림B를 넣고 가볍게 섞는다.

09 마지막으로 레몬즙을 넣어 섞어 마무리한다.

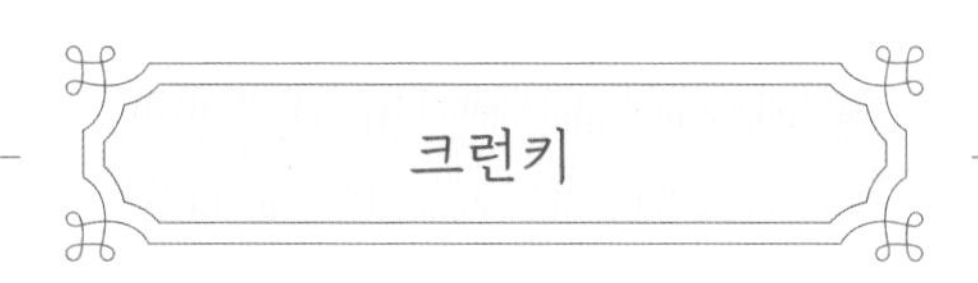

크런키

01 녹인 화이트초콜릿에 라즈베리 크리스피와 파에테 포요틴을 넣고 버무린다.

02 지름 7cm짜리 무스링에 각 25g씩 넣어 평평하게 다듬은 후 굳힌다.

TIP 라즈베리 크리스피 대신 동결건조 라즈베리를 사용해도 된다.

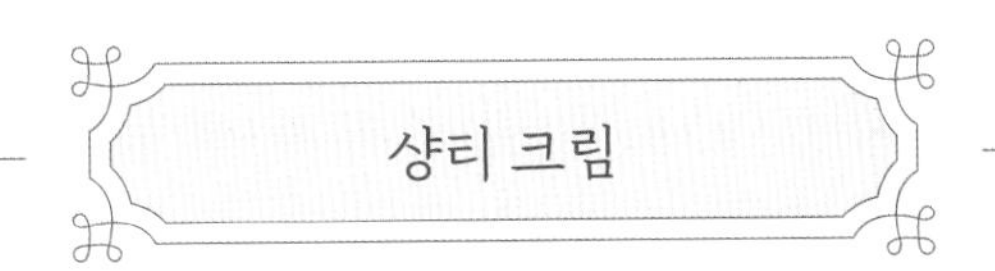

샹티 크림

01 생크림에 설탕을 넣고 휘핑한다.

체리 젤리

01 체리 퓌레에 설탕을 넣어 녹도록 데운다.

02 불린 젤라틴을 넣어 가볍게 가열한 후 불에서 내려 레몬즙을 넣어 섞는다.

03 15×12cm 판에 펼쳐 냉동 3시간 이상 굳힌다.

완성하기

01 지름 7cm 무스링에 치즈 필링을 40g 짜 넣은 후 지름 5cm로 재단한 체리 젤리를 가운데 올린다.

02 그 위에 다시 치즈 필링 38g씩 올려서 평평히 마무리하고 12시간 냉장하여 굳힌다.

03 크런키 위에 굳힌 치즈 필링을 올린다.

04 원형 깍지를 활용해 샹티 크림을 올린 후 가운데 체리로 마무리한다.

Lesson 06

Fruits Cheese Cake
후르츠 치즈 케이크

바닐라향 진하게 느껴지는 뉴욕치즈케이크 사이로
바삭한 크럼블과 다채로운 과일을 함께 즐길 수 있는 치즈케이크

Ingredients

치즈필링 1호

크림치즈 … 258g
바닐라빈 … 1/2개
바닐라 엑스트랙트 … 5g
설탕 … 75g
달걀 … 66g
레몬즙 … 5g
옥수수 전분 … 8g
생크림 … 80g
과일 … 160g

크런키

녹인 버터 … 55g
중력분 … 55g
소금 … 1g
설탕 … 35g
오트밀 … 30g

크럼블

중력분 … 50g
아몬드 파우더 … 50g
버터 … 50g
황설탕 … 50g

믹스베리콩포트

믹스베리 … 50g
설탕 … 30g
레몬즙 … 10g
리큐어 … 5g

*모든 재료는 실온 상태로 사용한다.

Keeping

크럼블: 냉동 3주
케이크: 냉장 3일, 냉동 10일

레어치즈필링

01 크림치즈와 바닐라빈을 먼저 부드럽게 푼다. 치즈의 덩어리가 남아있지 않도록 잘 풀어 낸다.

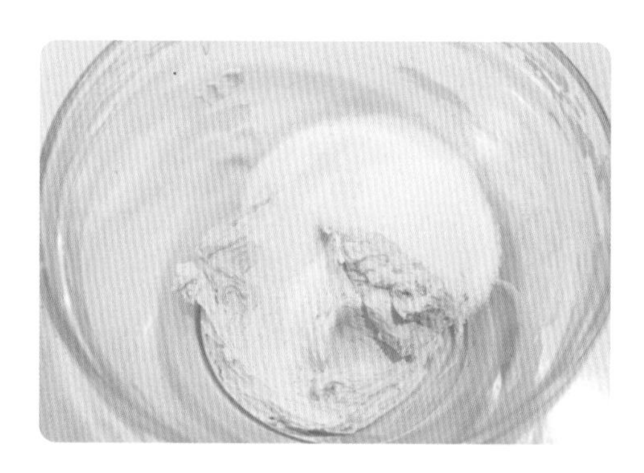

02 설탕을 넣고 섞는다.

TIP 기계를 사용할 때, 설탕이 튈 수 있으니 저속에서 시작하다가 설탕이 튀지 않을 정도로 흡수되면 고속으로 올려 마무리한다.

03 달걀을 넣어 섞는다.

TIP 달걀은 천천히 섞으면 분리될 가능성이 크니 처음부터 고속으로 작업하여 빠르게 섞는다.

04 옥수수 전분을 넣어 가루가 보이지 않을 정도로 섞는다.

TIP 가루가 튀지 않도록 저속에서 작업한다.

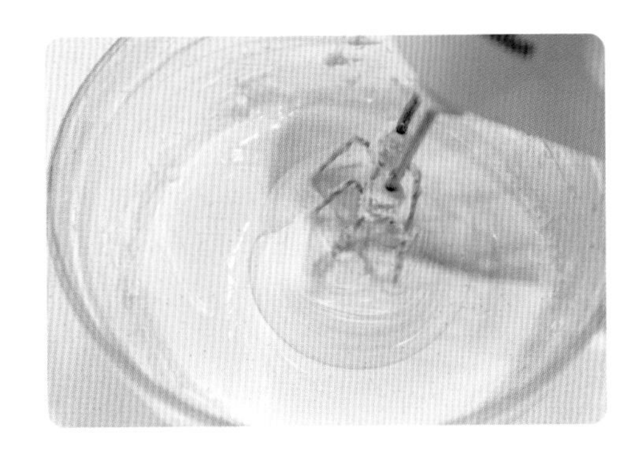

05 생크림을 넣고 휘핑한다.

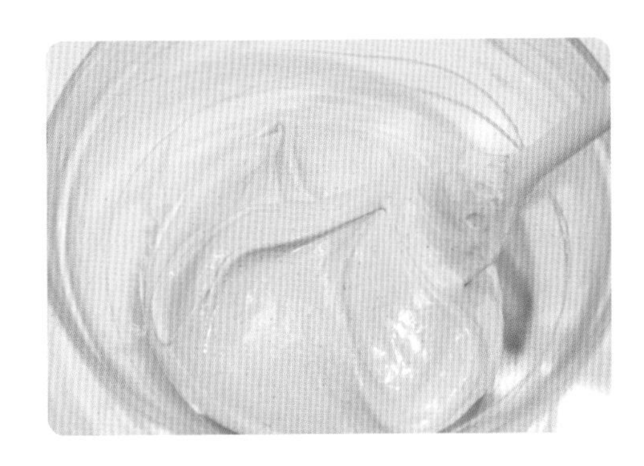

06 주걱 자국이 남는 정도로 부피감이 올라오면 덜 섞인 곳이 없는지 확인하며 볼을 정리한다.

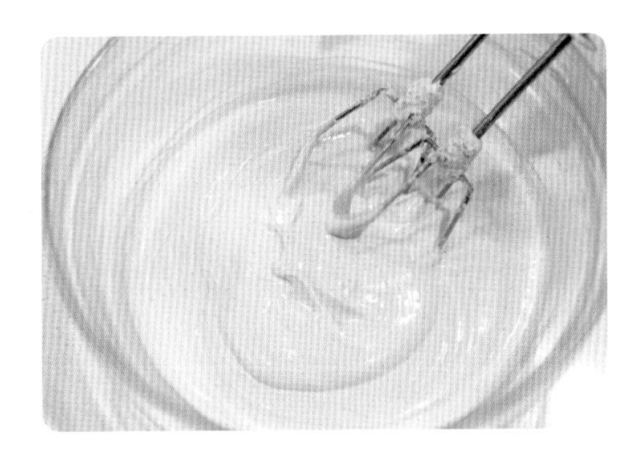

07 저속에서 천천히 믹싱하며 기공을 정리한다.

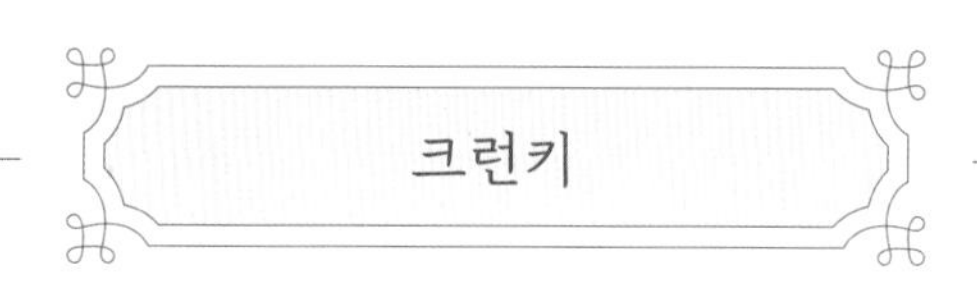

크런키

01 중력분, 소금, 설탕, 오트밀을 한곳에 넣어 섞는다.

02 녹인 버터를 넣고 가루가 보이지 않도록 섞는다.

03 케이크 1호틀에 넣어 평평히 펼친다.

크럼블

01 버터를 부드럽게 푼다.

02 설탕을 넣고 섞는다.

TIP 기계를 사용할 때, 설탕이 튈 수 있으니 저속에서 시작하다가 설탕이 튀지 않을 정도로 흡수되면 고속으로 올려 마무리한다.

03 가루류를 넣고 저속에서 섞는다.

04 모래알같이 건조한 반죽을 손으로 뭉친다.

05 뭉친 반죽을 다시 부스러뜨리고 뭉치는 과정을 반복하며 되직하게 제형을 맞추고 원하는 크기로 만들어 사용한다.

TIP 완성된 크럼블은 30분 동안 냉동 휴지 후 사용한다.

믹스베리콩포트

01 모든 재료를 한 냄비에 넣고 총 중량이 63~68g이 되도록 졸인다.

완성하기

01 바닥에 평평히 펼친 크럼블을 먼저 170도 오븐에서 25분간 초벌한다.

02 초벌되어 나오면 바로 그 위에 치즈 필링을 올리고 과일을 올린다.

03 그 위에 크럼블을 덮어 165도 온도에서 70~80분간 중탕으로 굽는다.

TIP 구워져 나오면 틀에서 바로 분리하지 않는다.

2시간 정도 냉장해서 식힌 후 틀에서 분리하여 완전히 식힌다.

TIP 믹스베리콩포트를 곁들여 먹는다.